数据挖掘竞赛实战：方法与案例

许可乐　编著

清華大學出版社
北　京

内 容 简 介

本书围绕数据挖掘竞赛，讲解了各种类型数据挖掘竞赛的解题思路、方法和技巧，并辅以对应的实战案例。全书共11章。第1章介绍数据挖掘竞赛的背景、意义和现状。从第2章开始，介绍了各种不同类型的数据挖掘竞赛包括结构化数据、自然语言处理、计算机视觉（图像）、计算机视觉（视频）、强化学习。每种类型的数据挖掘竞赛包含理论篇和实战篇：理论篇介绍通用的解题流程和关键技术；实战篇选取比较有代表性的赛题，对赛题的优秀方案进行深入分析，并提供方案对应的实现代码。

本书适合数据挖掘竞赛爱好者、人工智能相关专业在校大学生、人工智能方向从业人员及对人工智能感兴趣的读者阅读。

图书在版编目（CIP）数据

数据挖掘竞赛实战：方法与案例 / 许可乐编著. —北京：清华大学出版社，2024.4
ISBN 978-7-302-65846-7

Ⅰ. ①数… Ⅱ. ①许… Ⅲ. ①数据采掘 Ⅳ. ①TP311.131

中国国家版本馆CIP数据核字（2024）第061965号

责任编辑：王秋阳
封面设计：秦　丽
版式设计：文森时代
责任校对：马军令
责任印制：刘海龙

出版发行：清华大学出版社
网　　址：https://www.tup.com.cn，https://www.wqxuetang.com
地　　址：北京清华大学学研大厦A座　　**邮　　编：**100084
社 总 机：010-83470000　　**邮　　购：**010-62786544
投稿与读者服务：010-62776969，c-service@tup.tsinghua.edu.cn
质量反馈：010-62772015，zhiliang@tup.tsinghua.edu.cn
印 装 者：北京鑫海金澳胶印有限公司
经　　销：全国新华书店
开　　本：185mm×230mm　　**印　　张：**14.25　　**字　　数：**285千字
版　　次：2024年5月第1版　　**印　　次：**2024年5月第1次印刷
定　　价：99.00元

产品编号：100784-01

前　言

Preface

本书目标

本书旨在给读者提供明确的数据挖掘竞赛方案实现流程，并对其中的关键细节进行讲解，除了提供必要的理论知识，还提供了即插即用的代码。通过阅读此书，读者将了解如何为一个数据挖掘竞赛设计方案，明确方案中的各种细节和具体实现方式，并了解如何对方案进行不断打磨和优化。本书还提供了一些具体的实战案例以帮助读者掌握并强化上述内容。数据挖掘竞赛提供了贴近真实场景的数据集，如果想通过实战的方式来学习数据挖掘的技术，本书是一个很好的选择。

同时本书也可以作为一本工具书，它提供了不同类型（包括结构化数据、自然语言处理、计算机视觉、视频理解、强化学习）场景下，从数据输入到获取最终结果全流程中的各种方法和技巧，这些实用方法和技巧能帮助读者在数据集方面获得显著的效果提升，它们不仅可以用在数据挖掘竞赛中，也可以用于科研以及实际的业务中。

读者对象

无论是想在数据挖掘竞赛中获得更好的成绩，还是提升数据挖掘的技能，抑或是希望在实际业务中提升模型效果，本书都将是一个很好的选择。本书适用的读者对象包括但不限于以下相关人员。

☑ 数据挖掘竞赛爱好者。
☑ 人工智能相关专业在校大学生。
☑ 人工智能方向从业人员。
☑ 对人工智能感兴趣的读者。

需要注意的是，由于篇幅限制，本书不会从零开始讲解数据挖掘中的知识点，尽管笔者尽可能地以由浅入深的方式讲述全书的内容，但是理想情况下，本书的预期读者应具备一定的机器学习、深度学习以及强化学习的基础，同时还应具备一定的Python使用经验。如果读者对以下的内容有所了解，就表示大致具备了相应的基础。

☑ 机器学习：能区分有监督学习和无监督学习，了解训练集、验证集、测试集三者的区别，以及过拟合的概念。
☑ 深度学习：了解前向传播和反向传播、神经网络中常用的激活函数、随机梯度下降的基本原理。

☑ 强化学习：了解马尔科夫性质的基本概念、决策环境和环境收益的基本概念、常用的强化学习算法，如 DQN、A2C、PPO 等。

☑ Python：了解如何在终端执行 py 文件、如何使用 Jupyter Notebook 进行交互式编写和运行代码，用过常见的与数据挖掘相关的 Python 包，如 Numpy、pandas 等。

本书聚焦如何根据实际的数据场景选择合适的技术，以及如何以更优的方式使用这些技术，以使得读者在具体的数据集上获得更好的结果，而不是花大量篇幅介绍这些技术的原理。例如，本书不会详细介绍梯度提升决策树的算法原理，而是重点讨论在什么场景下适合使用梯度提升决策树，梯度提升决策树的关键超参数有哪些，以及如何更加高效地对这些超参数进行调参等问题。

本书代码说明

书中的代码统一使用了区别于普通文本的字体，并通过阴影背景加以区分。代码中的关键信息通过注释或文本文字的方式进行描述。本书相关资源可通过封底二维码获取。

编写团队成员

本书由许可乐担任主编，除了负责第 1～3 章的撰写外，还组织了整个编写团队的工作。第 4 章由戴亨玮负责，第 5 章由王彦博和陈生共同完成。第 6～9 章由蔡晓晨负责，最后的第 10～11 章由黄世宇负责。

致谢

在本书的编撰过程中，有幸得到了许多朋友和同行的宝贵支持与帮助。

首先，特别要感谢何雨橙、高志锋、刘羽中、包梦蛟、方曦、闫括等人（排名不分先后），他们为本书提供了丰富的素材，并且参与了本书内容的审核工作，他们的专业贡献是本书完成不可或缺的一部分。此外，还要感谢清华大学出版社的王秋阳老师，王老师在整个出版过程中提供了专业的指导和建议。最后，感谢所有阅读本书的读者，你们的支持是我们最大的动力。希望本书能为你们提供价值，同时也期待能继续得到大家的建议和反馈。

勘误和支持

由于笔者水平有限，本书难免会有疏漏和不妥之处，恳请广大读者批评指正。

笔者

目 录

Contents

第 1 章 数据挖掘竞赛介绍

本章将介绍数据挖掘竞赛的发展历程及其在实践中的意义、竞赛平台、各种竞赛的特点，以及竞赛常用的工具。通过本章的学习，读者将深入了解数据挖掘竞赛的基本概念和核心要素，掌握如何有效地参与竞赛。

1.1 数据挖掘竞赛的发展

人工智能竞赛的发展历史可以追溯到 20 世纪 90 年代（甚至更早）。在它的发展过程中的一些重要时刻如下。

- ☑ 1997 年：首届 KDD Cup（国际知识发现和数据挖掘杯竞赛）竞赛开始举办，这是由 ACM（Association for Computing Machinery，美国计算机协会）的知识发现和数据挖掘专委会主办的数据挖掘研究领域的国际顶级赛事，被称为数据挖掘领域最有影响力的赛事，其中 KDD 的英文全称为 knowledge discovery and data mining，即知识发现与数据挖掘。
- ☑ 2006 年：美国视频流媒体公司 Netflix 发起 Netflix Prize 百万美元奖金的竞赛，竞赛的目标是改进 Netflix 推荐系统的准确性，以帮助用户更好地发现自己喜欢的内容。该竞赛吸引了众多专业人士投身于推荐系统领域的研究工作，也让这项技术从学术圈真正地进入商业界。
- ☑ 2010 年：Kaggle 平台成立，这一平台专为开发人员和数据科学家设计，提供了举行机器学习竞赛、托管数据库以及编写与共享代码的服务，如今 Kaggle 已发展成为机器学习竞赛领域的关键平台。同年，ImageNet 大规模视觉识别挑战赛（ILSVRC）启动，要求选手使用机器学习技术对大规模图像数据进行分类，这项赛事极大地推动了深度学习的发展。

随着人工智能技术的不断发展，KDD Cup 竞赛的规模不断扩大，竞赛类型也变得越来越多样化。

表 1.1 是近十年 KDD Cup 常规赛道的赛事情况，从中可以看出，赛题的奖池金额、参赛队数量都有不断增大的趋势。

表 1.1　历年 KDD Cup 常规赛道的赛事情况

年　份	赛　题	奖池金额/美元	参赛队/支
2022	ESCI Challenge for Improving Product Search	21000	273
	Spatial Dynamic Wind Power Forecasting Challenge	35000	2490
2021	Multi-dataset Time Series Anomaly Detection	3500	614
	Large-Scale Challenge for Machine Learning on Graphs	数据缺失	超过 500
	City Brain Challenge	20500	1156
2020	(Track 1) Multimodalities Recall for E-commerce Platform	17500	1433
	(Track 2) Debiasing for E-commerce Platform	17500	1895
2019	Context-Aware Travel Mode Recommendation Problem	39000	超过 2800
2018	Fresh Air Prediction	36500	超过 4000
2017	Highway Tollgates Traffic Flow, Time & Volume Prediction	25000	3582
2016	Measuring the Impact of Research Institutions	20000	超过 500
2015	Predicting Course Drop on MOOC Platform	20000	821
2014	Predicting Excitement at DonorsChoose.org	2000	472
2013	(Track 1) Predicting User Following Behavior in Tencent Weibo	8000	656
	(Track 2) Predicting Click-Through Rate of Ads in Tencent Weibo	8000	163

图 1.1 是 Kaggle 平台历年新注册用户数量的情况，可以看出，Kaggle 平台用户数量增长非常迅猛，每年的新注册用户数量都在上升。根据统计，截至 2022 年累计用户数量已经突破 1000 万。

图 1.2 为 Kaggle 平台 2022 年举办各种竞赛类型的比例，可以看出，结构化数据竞赛仍然是数据挖掘竞赛的最主要类型，其次是计算机视觉竞赛和自然语言处理竞赛。强化学习作为近年来新兴的热门领域，也出现了相关的赛事。

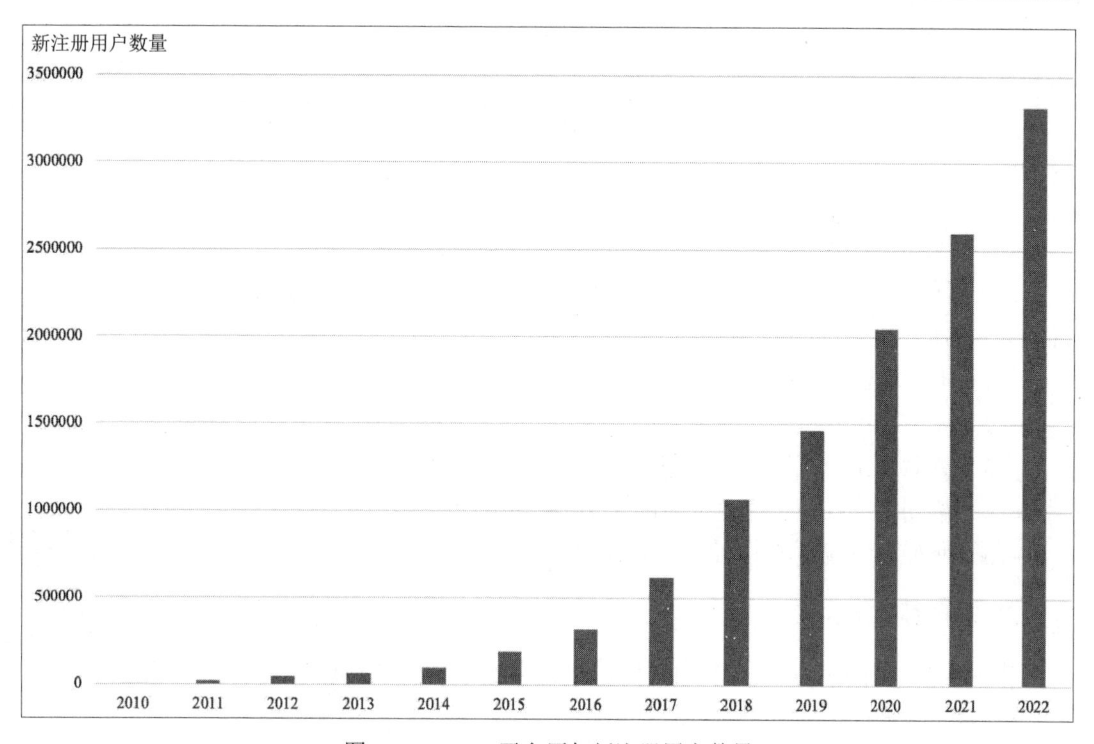

图 1.1　Kaggle 平台历年新注册用户数量

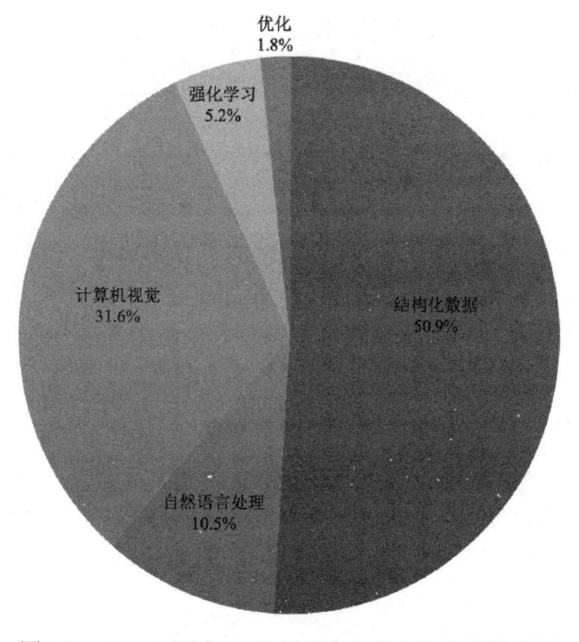

图 1.2　Kaggle 平台 2022 年举办各种竞赛类型的比例

1.2 数据挖掘竞赛的意义

1．对举办方的意义

人工智能竞赛的举办方通常包括企业、科研机构、行业协会、政府部门等。通过人工智能竞赛的形式，能为他们带来如下诸多好处。

（1）推广机器学习技术和应用；

（2）吸引和培养机器学习人才；

（3）评估和比较不同的人工智能方法和技术；

（4）帮助相关行业获得更优秀的人工智能解决方案；

（5）增加公司或组织的知名度和影响力。

2．对参赛选手的意义

从参赛选手的角度来说，参加数据挖掘竞赛能带来许多帮助。

1）增加数据挖掘的技能和经验

参加数据挖掘竞赛可以让选手在真实的数据挖掘任务中提升自己的技能和经验。这些竞赛提供了真实的数据和问题，让选手可以实践学到的知识。同时，数据挖掘竞赛可以让选手在有竞争对手的情况下尝试自己的算法，并且得到反馈。这样可以帮助选手更好地提升自己的技能。

2）丰富自己的履历，增加工作机会

参加数据挖掘竞赛并取得较好的成绩可以为选手的履历增加一个优良的项目。这可以向招聘者展示选手的实际能力，有助于选手在求职时脱颖而出。如果选手对某一个领域的工作感兴趣，但是又苦于没有对应的项目经历，参加对应的数据挖掘竞赛可以帮你的职业生涯打开新的机会。很多数据挖掘竞赛直接为取得较好成绩的选手开通招聘的绿色通道。

3）获得专业社交机会

参加数据挖掘竞赛可以与其他专业人士建立联系，这些人可能是你以后的同事或合作伙伴。这些社交机会可以为职业生涯带来很多机会和帮助。如国外的 Kaggle 平台、国内的天池平台，都提供了便利的讨论区，在这里可以交流经验、分享技巧、认识许多志同道合的朋友，并与他们合作。

4）获得资金和奖励

很多数据挖掘竞赛都提供奖金，有的甚至高达百万美元。当然，奖金越高的竞赛，往往参赛人数越多，竞争也越激烈。

5）扩大影响力

参加数据挖掘竞赛并取得较好的成绩可以让你的作品和成果得到更多的关注。这对于扩大个人影响力和职业发展是很有帮助的。

6）帮助解决真实的问题

参加数据挖掘竞赛可以帮助你解决真实的问题，这些问题往往是某些企业（如互联网公司）、某些领域（如医疗），甚至是全社会面临的实际问题，帮助解决这些真实的问题也是一种很好的贡献。

1.3　竞赛平台介绍

1．Kaggle

Kaggle 是当今最大的数据科学家、机器学习开发者社区，其行业地位独一无二。Kaggle 提供了大量的机器学习竞赛（图 1.3 为 Kaggle 部分竞赛项目），允许数据科学家和开发人员使用机器学习技术解决各种问题，并与社区的其他成员进行合作和竞争。同时，Kaggle 为其社区提供了一整套服务，其中最有特色的是 Kaggle Kernels 代码分享工具。Kaggle 链接为 https://www.kaggle.com。

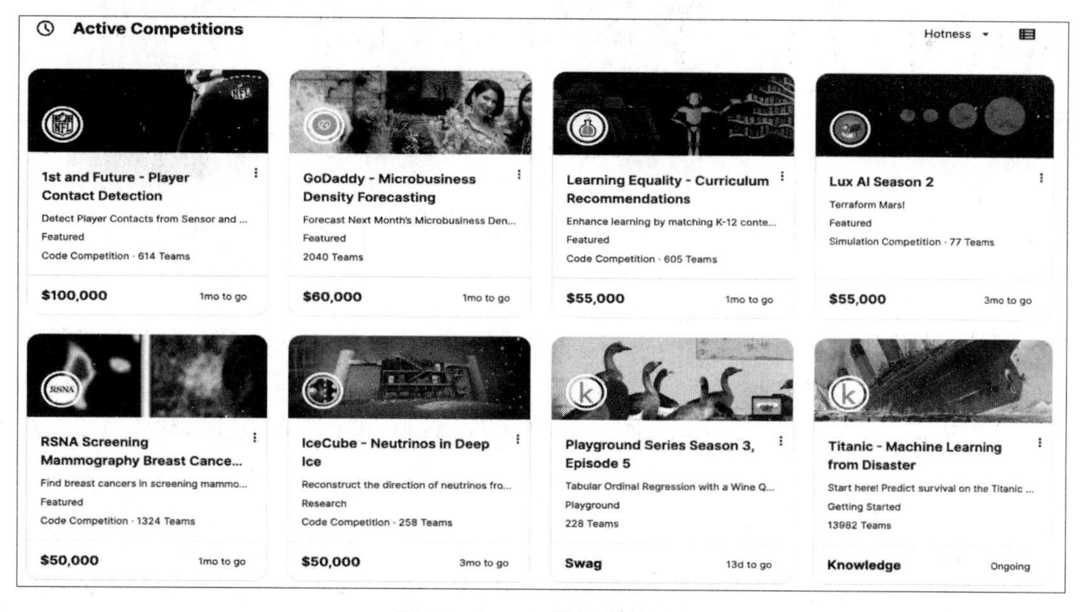

图 1.3　Kaggle 部分竞赛项目

2．CodaLab

CodaLab 是一个开源的研究平台，用于支持机器学习和人工智能相关的研究。它提供了一个 Web 界面，方便研究人员和数据科学家上传和管理数据、运行实验，并进行团队协作。在这个社区中，用户能够分享 worksheets 并参与竞赛。另外，用户既可以参加现有竞赛，也可以举办新的竞赛。图 1.4 展示了 CodaLab 上的部分竞赛。CodaLab 链接为 https://codalab.lisn.upsaclay.fr/。

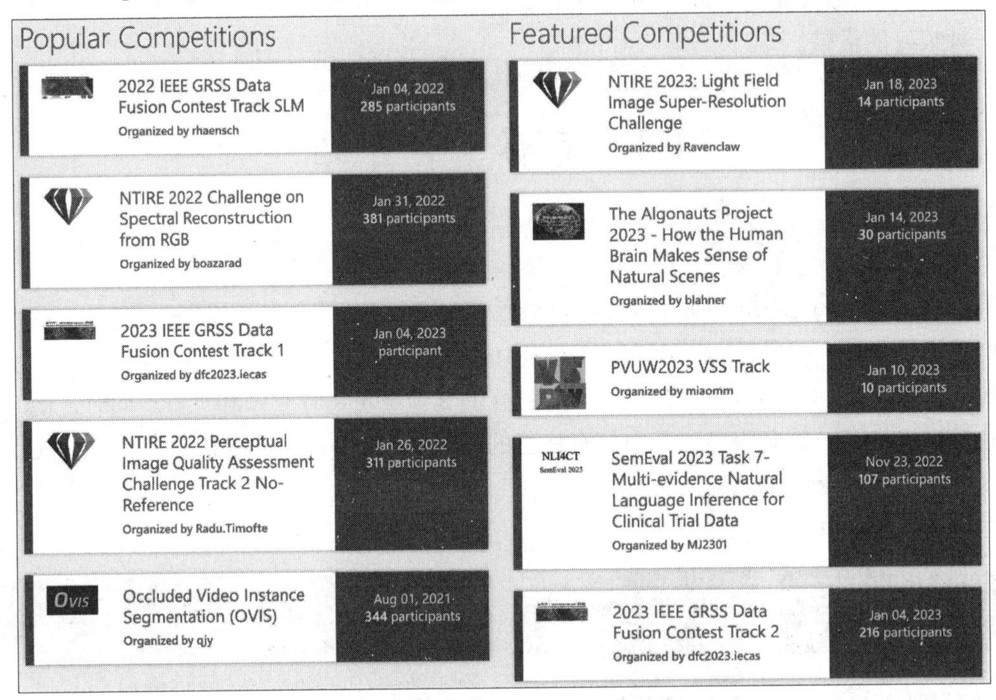

图 1.4　CodaLab 平台上的部分数据挖掘竞赛

3．天池

天池（见图 1.5）是由阿里创办的数据挖掘竞赛平台，它和 Kaggle 类似，也提供代码执行环境和选手积分榜服务。同时，该平台上有许多和竞赛相关的教程和知识分享，非常利于新手入门。天池链接为 https://tianchi.aliyun.com/competition/gameList/activeList。

4．DataFountain

DataFountain（见图 1.6）是国内另一个竞赛数量和类型较为丰富的平台，该平台最具特色的竞赛是每年由中国计算机学会（China Computer Federation，CCF）举办的大数据与计算智能大赛。DataFountain 竞赛平台的链接为 https://www.datafountain.cn。

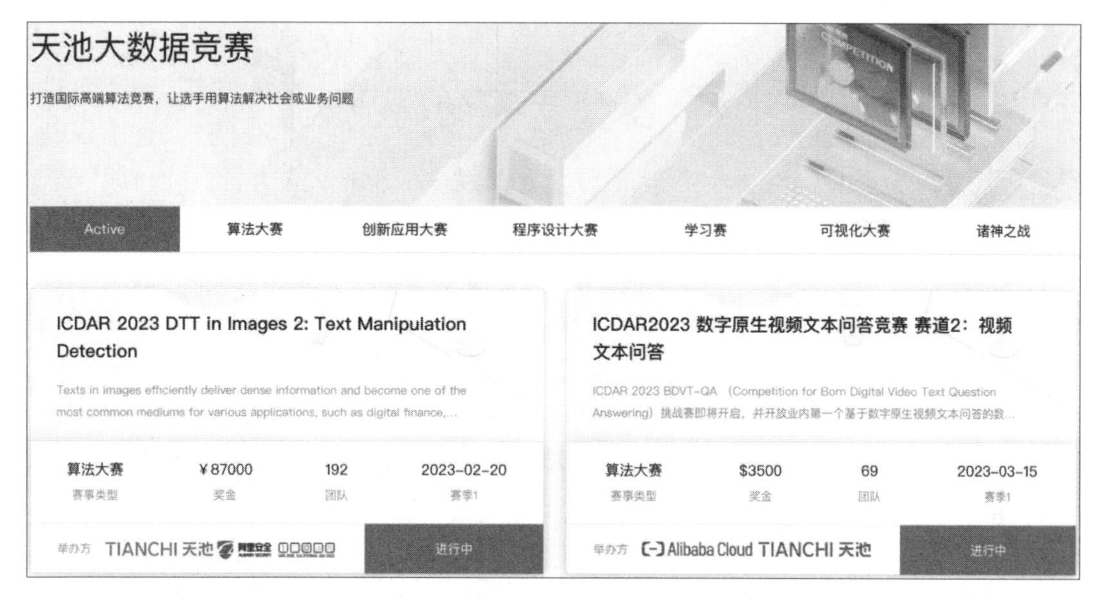

图 1.5　天池竞赛平台

图 1.6　DataFountain 竞赛平台首页

5. 其他竞赛平台

☑　AIcrowd（网址为 https://www.aicrowd.com/）。

☑　DataCastle（网址为 https://www.datacastle.cn/index.html）。

☑　和鲸社区（网址为 https://www.heywhale.com/home）。

☑　biendata（网址为 https://biendata.com）。

☑　华为云（网址为 https://competition.huaweicloud.com/competitions）。

1.4 各种竞赛的特点

1．结构化数据竞赛

这类竞赛提供的数据为结构化数据，主要关注对数值型或类别型变量的预测能力，如预测房价、用户购买行为等。其中，结构化数据是指表格型数据，它的每一行对应一个数据样本，每一列对应一个特征。

这类竞赛具有如下特征。

（1）结构化数据通常较为复杂，需要进行烦琐的预处理流程，可能出现的难点有大量缺失值、数据噪声大、长尾数据等；

（2）特征工程对这类竞赛的最终结果影响很大；

（3）深度学习模型在这些竞赛中一般并不是最优的选择，因此需要参赛选手对机器学习和数据挖掘的各项技术有较为深入的理解，并且有能力寻找和构建最优的模型结构。

2．自然语言处理竞赛

这类竞赛主要关注计算机理解和处理人类语言的能力，如文本分类、情感分析、机器翻译等。参赛者需要训练能够理解和处理自然语言的模型。由于近年来自然语言处理技术得到了飞速发展，这类竞赛的解题思路也发生了明显的改变。在 2016 年之前，使用最广泛、性能最优的模型是词袋模型和 TF-IDF 模型。2016—2018 年，词嵌入（word embedding）取代了词袋模型和 TF-IDF 模型，自 2019 年起，各种预训练模型的应用变得越来越广泛。

3．计算机视觉竞赛

这类竞赛主要关注计算机处理图像和视频数据的能力，涉及对图像、视频数据进行分类、分割、检测等。参赛选手需要训练能够从图像中提取有用信息的模型（通常是深度学习模型）。

这类竞赛具有如下特征。

（1）视觉模型的训练开销通常较大，因此高性能的 GPU 服务器对于这类竞赛很重要；

（2）数据增强技术和 fine-tuning（微调）是选手提升竞赛成绩的重要技术；

（3）诸如伪标记的其他技术有助于提升模型性能。

4．强化学习竞赛

这类竞赛主要关注计算机通过试错学习解决复杂问题的能力，如游戏 AI、控制系统等。选手使用强化学习算法训练机器人或游戏角色在真实或模拟环境中获得最优收益的任务。参赛者需要构建能够根据获得的反馈进行决策的强化学习模型。在强化学习比赛中，通常有多个参赛选手的模型在一个真实或模拟的环境中竞争，最终得分最高的模型获胜。

这类竞赛具有如下特征。

（1）设计合适的奖赏函数很重要，特别是对于奖赏函数很稀疏的场景；

（2）选手需要仔细设计特征提取模型和强化学习模型结构，这对于提升训练效率和模型性能很重要；

（3）可以考虑结合一些深度学习策略和算法，如 on-policy（在线策略）、MCTS（蒙特卡洛树搜索）等。

1.5　竞赛常用工具

1. IDE

图 1.7 为 2022 年 Kaggle 官方调查了约 24000 名参加数据挖掘竞赛的选手使用各种常见 IDE 工具的人数情况。统计结果显示，使用人数排行前三的 IDE 工具依次为 Jupyter Notebook、VSCode 以及 PyCharm。

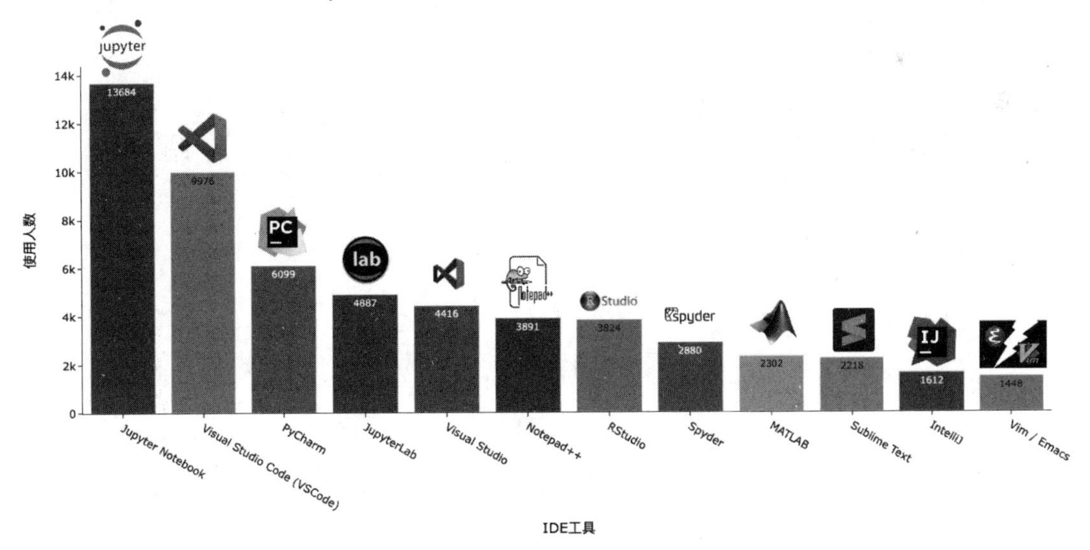

图 1.7　2022 年 Kaggle 参赛选手使用 IDE 工具的情况

1）Jupyter Notebook

Jupyter Notebook 是一个基于网页的应用，它支持交互式计算环境，允许用户进行代码开发、执行，以及文档的撰写和结果的可视化。

2）VSCode

VScode 是微软推出的一款代码编辑器，可以支持多种编程语言，具有语法高亮、自动补全、调试等功能。它还有许多可以安装的插件，可以帮助选手更方便地编写代码。

3）PyCharm

PyCharm 是一款由 JetBrains 开发的 Python 集成开发环境（IDE），集成了众多实用的功能，包括代码自动完成、语法高亮、调试以及版本控制等，可以帮助你更高效地开发 Python 应用程序。

2. 机器学习库

图 1.8 为 2022 年 Kaggle 官方调查使用各种常见机器学习库的使用人数情况。统计结果显示，使用 Scikit-learn 的人数遥遥领先，除此之外，使用人数较多的是常用的实现梯度提升决策树的机器学习框架 XGBoost、LightGBM 以及 CatBoost。

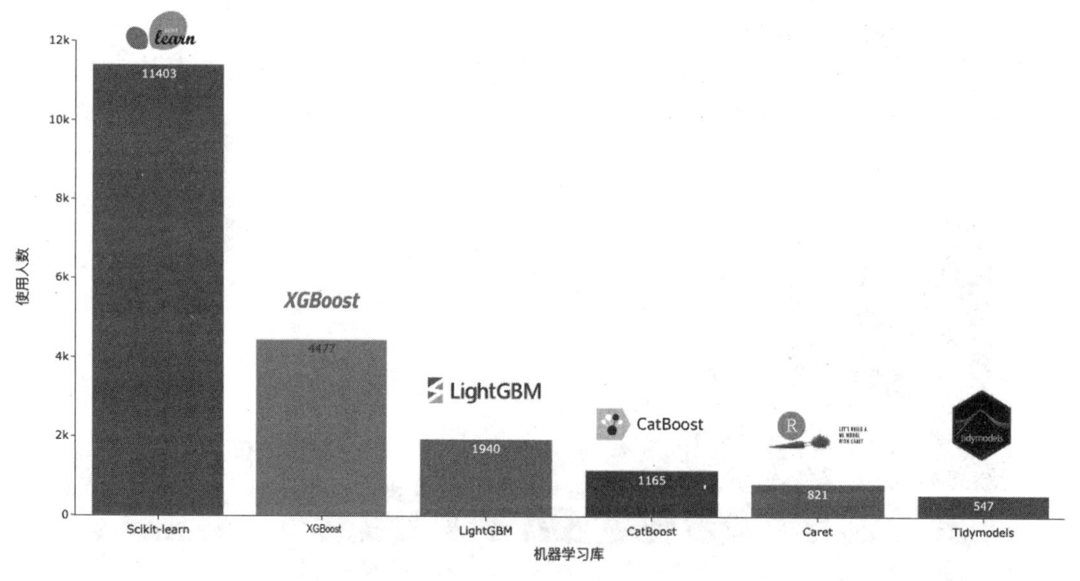

图 1.8 2022 年 Kaggle 参赛用户使用机器学习库情况

1）Scikit-learn

Scikit-learn 是一个广泛使用的开源机器学习库，支持众多常见的机器学习算法，包括但不限于回归、分类、聚类和降维等。同时，它为用户提供了简洁且一致的接口来使用这些算法模型。

2）XGBoost、LightGBM、CatBoost

XGBoost、LightGBM 和 CatBoost 是三个常用的梯度提升决策树的实现框架，尤其适用于结构化数据场景。这三者有其各自的优势和特点：XGBoost 起源最早，在早期的结构化数据挖掘竞赛中被广泛使用；LightGBM 强调的是轻量级，能在更短的时间内获得不错的效果；CatBoost 对类别型变量做了特殊优化，在某些场景下可以获得更好的结果。

3．深度学习库

图 1.9 为 2022 年 Kaggle 官方调查使用各种常见深度学习库的人数。统计结果显示，TensorFlow、Keras 以及 PyTorch 仍然是最受欢迎的三大主流深度学习框架。

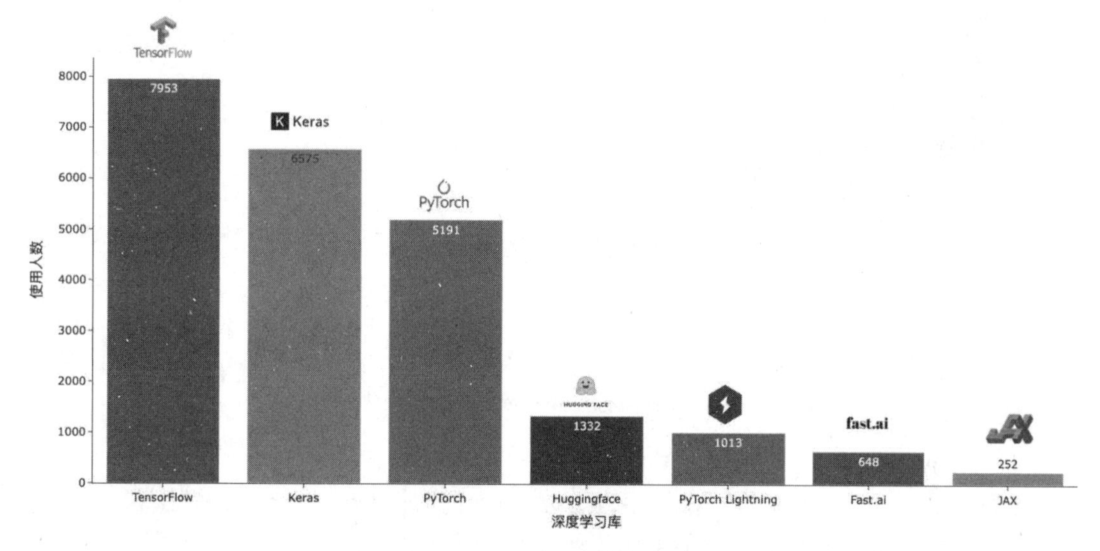

图 1.9　2022 年 Kaggle 参赛用户使用深度学习库情况

1）TensorFlow

TensorFlow 是由谷歌开源的深度学习框架，可以让选手快速地设计深度学习网络，而不需要编写底层 CUDA 或 C++代码。TensorFlow 在代码的简洁性、执行效率、部署的便利性等方面都有着非常优异的表现。

2）Keras

相比于 TensorFlow，Keras 是一个更高层的 API。Keras 对深度学习的初学者非常友好，通过 Keras 的 API，用户仅需数行代码就可以构建一个便于理解的网络模型。目前，Keras 已经被集成到 TensorFlow 中，在 TensorFlow.keras 上可以完成 Keras 的所有任务。

3）PyTorch

PyTorch 是由 Facebook 人工智能研究院开源的深度学习框架。因其具有接口灵活、使用简单、快速等特性，现已成为学术界主流的深度学习框架，除了谷歌，其他大部分关于深度学习模型的文章都是使用 PyTorch 进行实验的。

4．可视化库

图 1.10 为 2022 年 Kaggle 参赛选手使用可视化库的人数统计，可以看出，最受欢迎的前三个可视化库分别为 Matplotlib、Seaborn、Plotly。

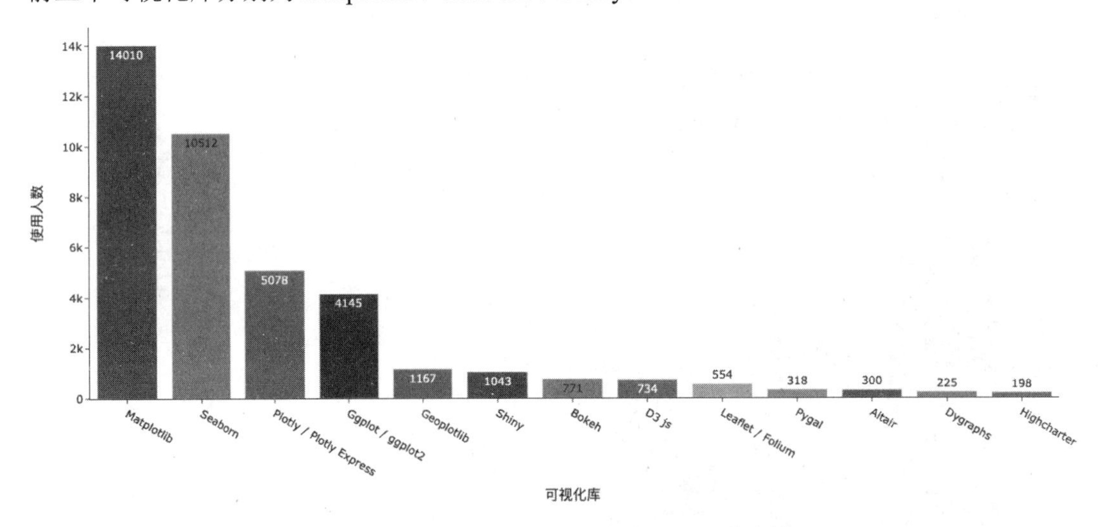

图 1.10　2022 年 Kaggle 参赛选手使用可视化库情况

1）Matplotlib

Matplotlib 是 Python 数据可视化库的元老，目前依旧是 Python 社区中使用最广泛的绘图库，通过简单的几行代码，便能生成各种所需的图形。

2）Seaborn

Seaborn 是在 Matplotlib 的基础上，进行更高级的封装，相比 Matplotlib，Seaborn 提供了更加简洁的语法，使选手更加容易上手，绘制的图形更加漂亮。

3）Plotly

Plotly 是一个提供数据可视化功能的平台，它的强项在于实现交互式制图，图表种类齐全，并可以实现在线分享以及开源。

第 2 章 结构化数据：理论篇

结构化数据竞赛常规的流程包括探索性数据分析（exploratory data analysis，EDA）、数据预处理、特征工程（含特征构造和特征筛选）、模型（含模型选择和模型超参数优化）、集成学习。结构化数据建模流程如图 2.1 所示。

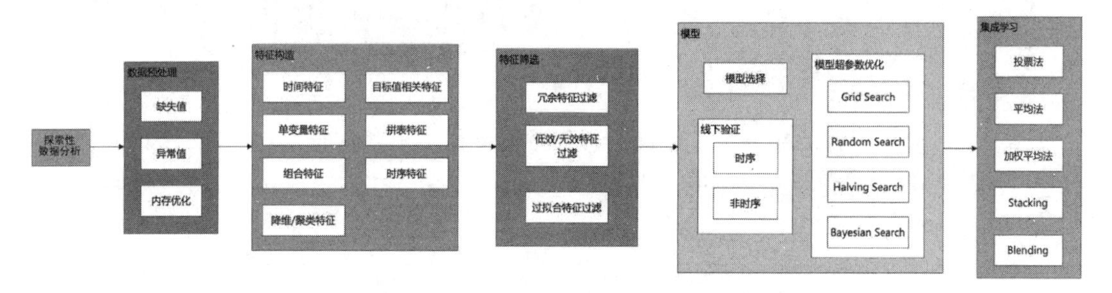

图 2.1　结构化数据建模流程

2.1　探索性数据分析

探索性数据分析是一种使用可视化技术分析数据的方法。正如 Scott Berinato 在他的著作 *Good Charts* 中所说，“A good visualization can communicate the nature and potential impact of information and ideas more powerfully than any other form of communication.”

在机器学习中，对数据进行恰当的预处理以及抽取合适的特征对后续的模型训练起到至关重要的作用。EDA 可以帮助我们发现数据中的某些模式、趋势，以及借助统计描述信息和图形表示验证某些假设，从而指导我们如何进行数据预处理和特征工程。

在 EDA 中，需要重点关注的信息包括缺失值、异常值、数据分布、变量之间的相关性、变量和标签之间的相关性。可以借助 Matplotlib、Seaborn 等诸多工具手动地进行 EDA，更简便的方法是使用自动化的 EDA 工具，如 dtale、pandas profiling、sweetviz、AutoViz。

这里以 AutoViz 为例，结合鸢尾花数据集，来看看如何使用简单的几行代码实现 EDA，代码如下。

```
from autoviz.AutoViz_Class import AutoViz_Class
    autoviz = AutoViz_Class()
    dft =autoviz.AutoViz(
    filename="/content/Iris.csv",            # 读入数据集，注意和 dft 的区别
        sep=",",                             # 设置数据集分隔符，默认为逗号
        depVar="Species",                    # 设置标签列
        dfte=None,    # 传入一个 pandas.DataFrame，如果 filename 已设置，此处为 None
        header=0,
        verbose=0,    # 可选 0、1 或者 2，设置图形的保存形式
        lowess=False,# 是否启用 lowess 回归，适合小数据量数据集，100000 行以上数据
不建议用
        chart_format="svg",                  # 设置图形保存格式
        max_rows_analyzed=150000,            # 设置数据集待分析的行数
        max_cols_analyzed=30                 # 设置数据集待分析的列数
)
```

AutoViz 能计算各个变量的重要性，选择重要性比较高的变量进行绘图，内置启发式算法，并选择被认为最优的表现形式进行绘图。在这个案例中，AutoViz 生成了如图 2.2～图 2.7 所示的可视化结果。

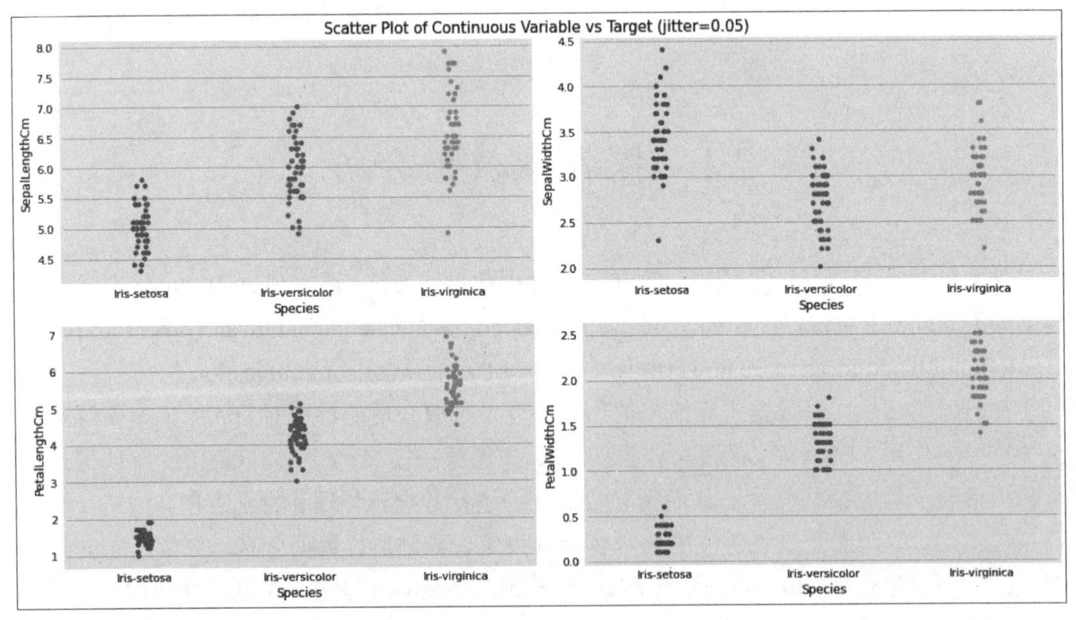

图 2.2　散点图（表示连续型变量和标签的关系）

图 2.2 展示了 4 个散点图，每个散点图都显示了一个特征与鸢尾花品种（标签）之间的关系。其中：

☑ Species：表示鸢尾花品种（Iris-setosa、Iris-versicolor、Iris-virginica）；

☑ SepalLengthCm：表示萼片长度；

☑ SepalWidthCm：表示萼片宽度；

☑ PetalLengthCm：表示花瓣长度；

☑ PetalWidthCm：表示花瓣宽度。

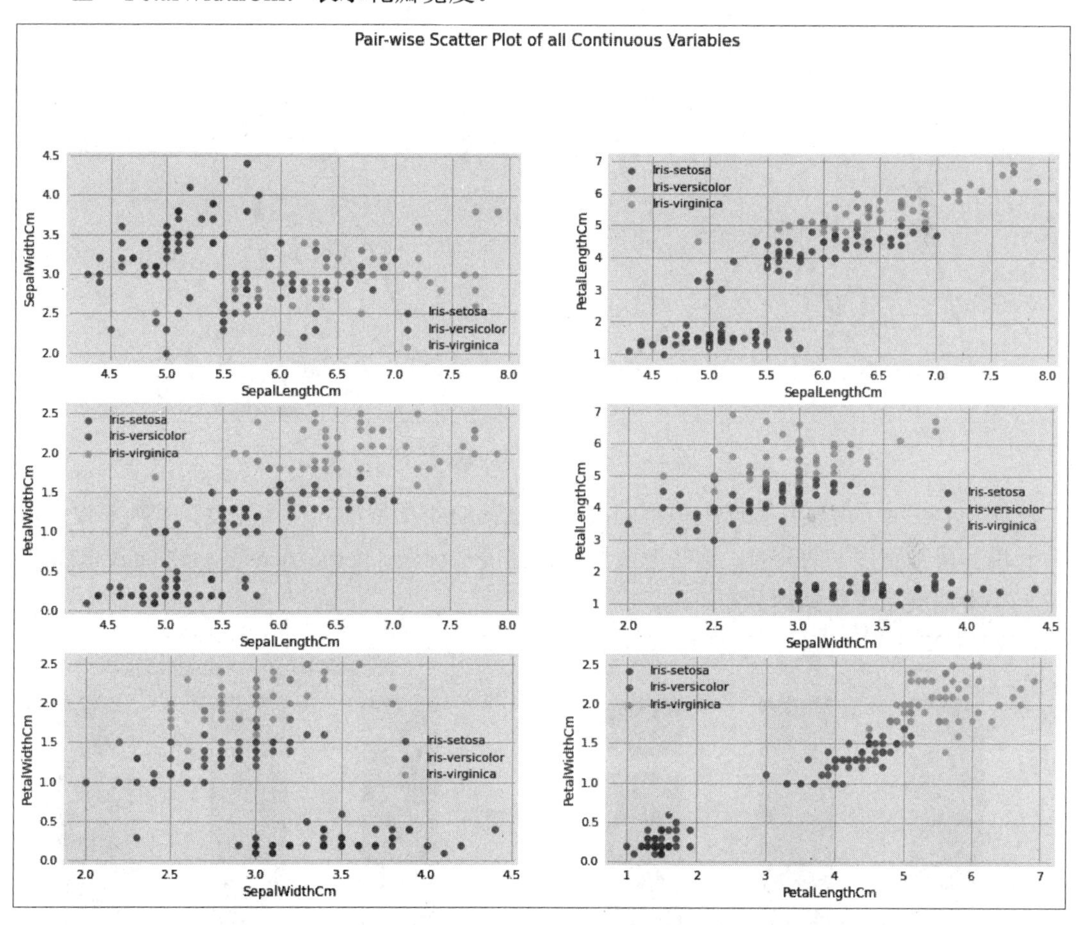

图 2.3　成对散点图（用于理解连续变量之间的相关性程度）

图 2.3 展示了鸢尾花数据集的成对散点图，其中包括了 4 个连续变量（萼片长度、萼片宽度、花瓣长度和花瓣宽度）。每个散点图展示了两个变量之间的关系，并且每个鸢尾花品种（Iris-setosa、Iris-versicolor、Iris-virginica）都以不同的颜色标识。

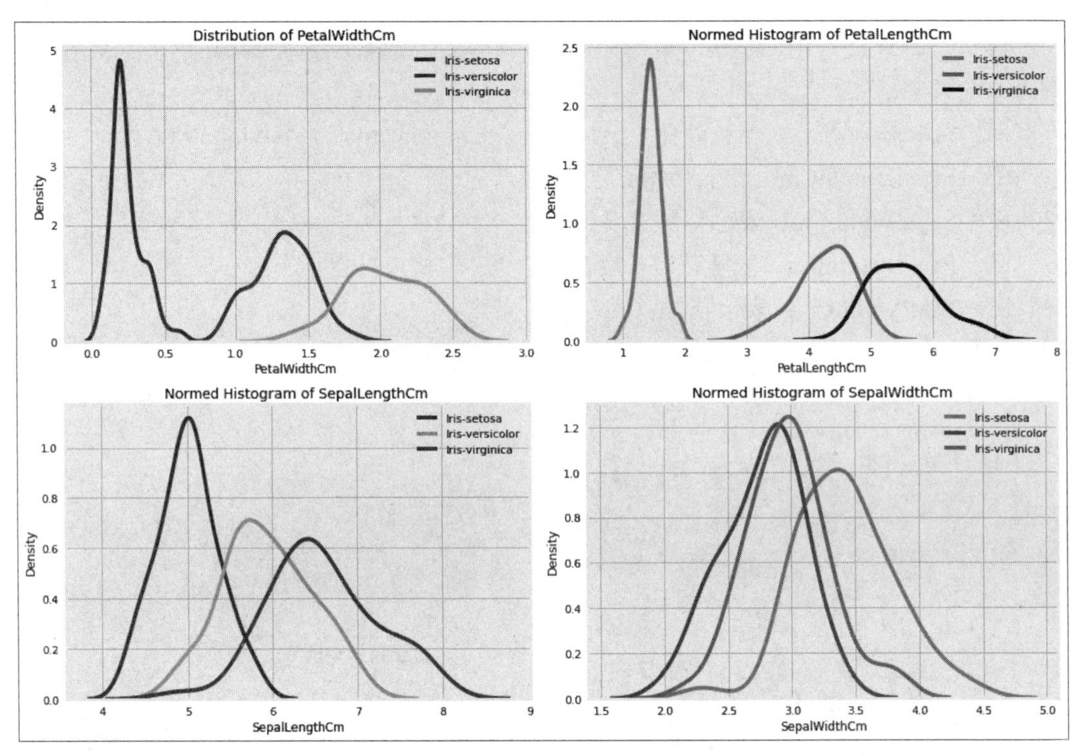

图 2.4　连续型变量的数据分布

图 2.4 展示了鸢尾花数据集中不同品种鸢尾花的 4 个特征（花瓣宽度、花瓣长度、萼片长度和萼片宽度）的分布。这些图被称作核密度估计图（kernel density estimate，KDE），它们平滑地展示了数据的分布形态。

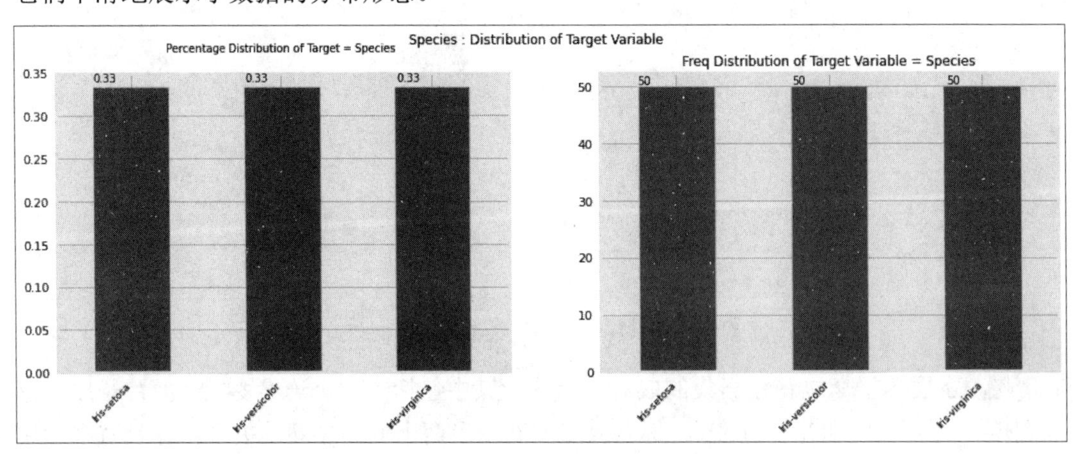

图 2.5　标签的数据分布

图 2.5 展示了两个条形图，分别表示鸢尾花数据集中的品种分布：一个为百分比分布，另一个为频率分布。

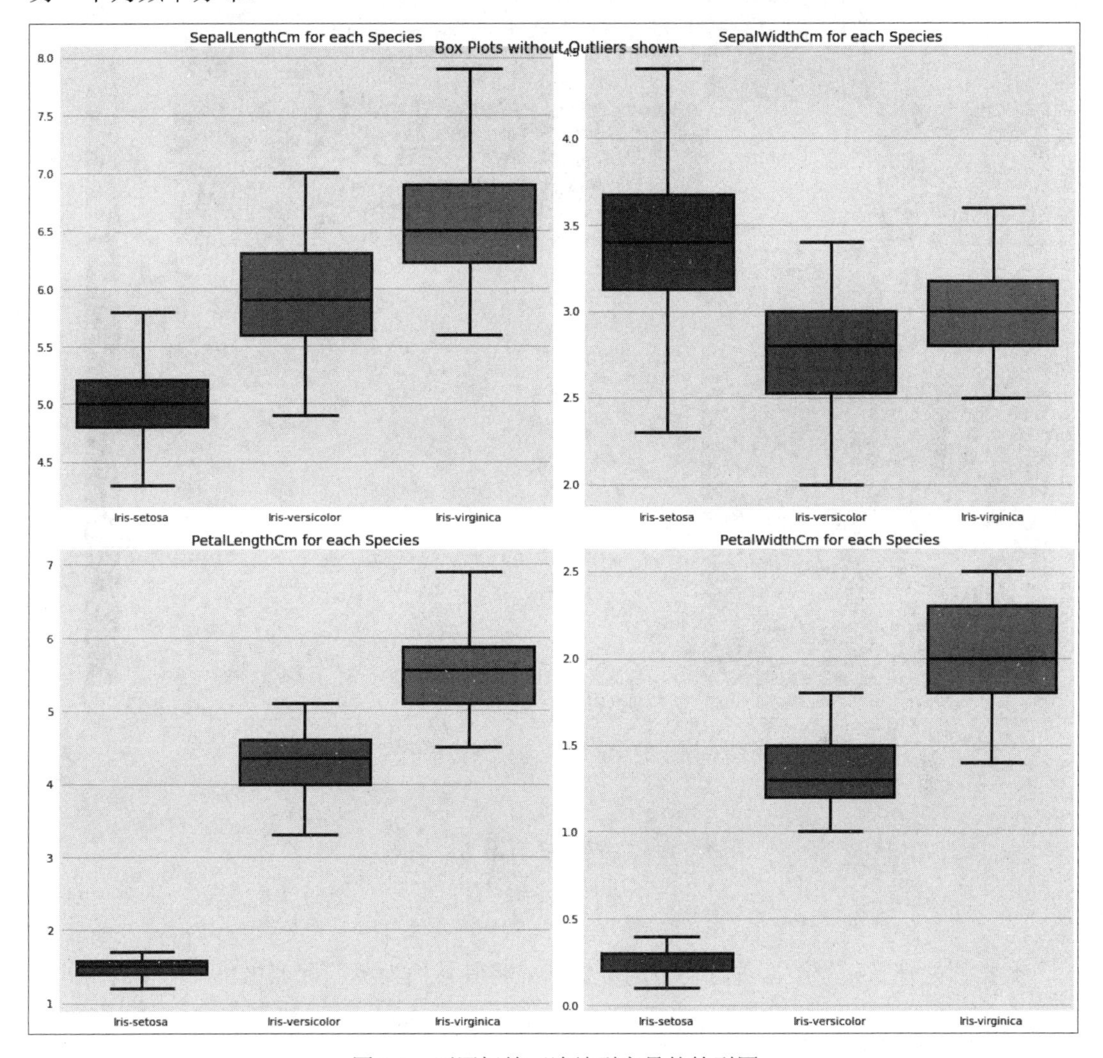

图 2.6　不同标签下连续型变量的箱型图

图 2.6 包含了 4 个箱线图，分别展示了鸢尾花数据集中 3 种不同品种的鸢尾花（Iris-setosa、Iris-versicolor、Iris-virginica）的 4 个不同特征（萼片长度、萼片宽度、花瓣长度和花瓣宽度）的数据分布情况。

图 2.7 是一个热力图，展示了鸢尾花数据集中连续变量之间的相关系数。相关系数的取值是-1～1，其中 1 表示完全正相关，-1 表示完全负相关，而 0 表示没有相关性。

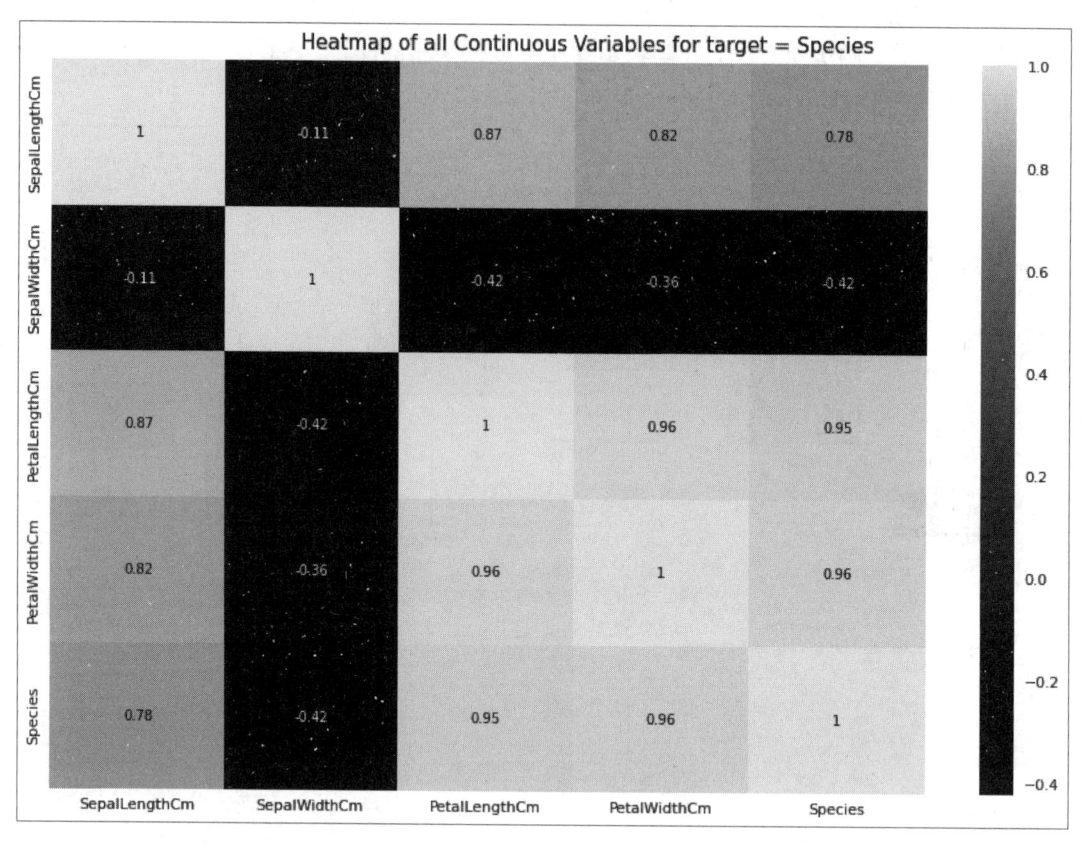

图 2.7　热力图（用于展示连续变量以及标签的相关系数矩阵）

2.2　数据预处理

数据预处理是指对数据进行初步的分析，并将其转换为更加标准化和规范化的格式。

2.2.1　缺失值

由于各种原因，获取的数据出现缺失值，如传感器故障，用户因为隐私而不愿提供等。缺失值处理看起来微不足道，但不同的处理方式可能对模型产生很大的影响。缺失值处理主要有两个作用：一是提升模型预测精度；二是部分模型（如 LR、NN 等）无法处理有缺失值存在的输入，必须进行处理。

可以通过以下命令计算每列缺失值的百分比。

```
df.isna().sum()/len(df)*100
```

缺失值处理的方法需要根据具体场景进行选择，主要包括以下 3 种方法。

1. 不处理

有些模型（如 LightGBM）可以通过内置的算法直接处理缺失值，此时无须对缺失值进行处理。

2. 缺失值删除法

缺失值删除法包括删除特征和删除样本两种，对于缺失比例较大的场景，可以尝试采用此方法，代码如下。

```
df.drop([5, 6], inplace=True)                          # 删除行
df.drop(['feature_1'], axis=1, inplace=True)           # 删除列
```

3. 使用代表值填充

使用代表值填充包括以下 4 种。

1）使用数据范围之外的数值进行填充

使用数据范围之外的数值进行填充可以保留缺失值原本的信息，代码如下。

```
df['feature_2'].fillna(df['feature_2'].min() - 1, inplace=True)
```

2）使用统计值填充

使用统计值（如均值或中位数）填充可以使数据更加符合正态分布，代码如下。

```
# 用均值填充
df['feature_3'].fillna(df['feature_3'].mean(), inplace=True)
# 用中位数填充
df['feature_3'].fillna(df['feature_3'].median(), inplace=True)
```

3）使用相邻值填充

若相邻样本存在某种联系（如表示传感器连续的两次采样结果），可以使用相邻值进行填充，代码如下。

```
df['feature_4'].fillna(method='ffill', inplace=True) # 用前一个有效观察值填充
df['feature_4'].fillna(method='bfill', inplace=True) # 用后一个有效观察值填充
```

4）使用预测值填充

当数据量足够大，且要填充的列比较容易拟合时，可以使用预测值填充的方式，这种方法填充后的数据更加准确，可以减少由人为数据分析所带来的影响，代码如下。

```
from sklearn.linear_model import LinearRegression
# 从数据框中选择 feature_6 列非空的行作为训练数据
train = df.loc[df['feature_6'].notnull()]
# 从数据框中选择 feature_6 列为空的行作为测试数据
test = df.loc[df['feature_6'].isnull()]
# 设置目标列为'feature_6'
target = 'feature_6'
# 选择除目标列以外的所有特征作为训练特征
used_features = [x for x in train.columns if x != target]
# 创建线性回归模型
lr = LinearRegression()
# 使用训练数据拟合线性回归模型
lr.fit(train[used_features], train[target])
# 使用线性回归模型对测试数据进行预测
pred = lr.predict(test[used_features])
# 将预测结果填充到原数据框的 feature_6 列中
df.loc[df['feature_6'].isnull(), 'feature_6'] = pred
```

2.2.2 异常值

异常值是指对应的数值不符合业务逻辑、偏离正常范围，或和其他样本有着显著差异的数值。合理地处理异常值，能防止其对模型造成干扰，避免模型得出错误的结论。

1. 异常值识别

异常值识别是指通过数据分析，识别出异常的数据样本。常见的异常值识别方法包括基于业务逻辑和基于数据可视化两种。

1）基于业务逻辑

可以设置一些规则来判断数据是否存在异常。例如一个人的身高、体重不可能为负数，邮政编码只能是 6 位等。

2）基于数据可视化

箱型图是一种非常简单但有效地识别异常值的可视化方法。如图 2.8 所示，显示在上下限之外的数据点可以被视为异常值。其中，上限=Q3+1.5×四分位距，下限=Q1−1.5×四分位距。

注意：

Q3 和 Q1 分别表示 75%分位数和 25%分位数。

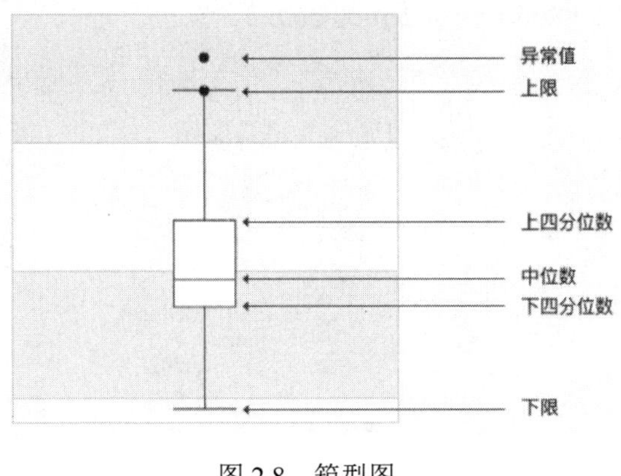

图 2.8　箱型图

绘制箱型图的代码如下。

```
import seaborn as sns
sns.boxplot(data=data)
```

2．异常值处理

对于识别为异常值的样本，需要根据具体情况区别对待。例如，如果异常值是由于收集、记录过程中的错误导致的，需要对其进行修正；如果异常值代表了一种真实存在的现象，那就需要把异常值纳入模型的考量中。对于前者，异常值的处理方法可以参考缺失值的处理方式，如删除法、使用代表值填充、使用预测值填充。

2.2.3　内存优化

在数据处理过程中，可能遇到内存不足导致的报错，如内存溢出（out of memory）。在设备内存无法改变的情况下，可以尝试通过内存优化的方式来解决这一问题。

1．内存回收

删除不需要的变量，释放已销毁的对象占据的内存。

```
del df
import gc
gc.collect()
```

2．使用内存占用更小的数据类型

以下代码适用于 Pandas 的 DataFrame，对于每个数值型特征，根据其取值范围，将其转换为能满足要求且内存占用最小的数据类型（原始代码见 https://www.kaggle.com/code/

gemartin/load-data-reduce-memory-usage/notebook）。

```
import numpy as np

def reduce_mem_usage(df):
    """
    迭代遍历数据框的所有列并修改数据类型以减少内存使用
    参数：
    df: pandas.DataFrame，需要进行内存优化的数据框
    返回：
    优化后的数据框
    """

    # 计算初始内存使用量
    start_mem = df.memory_usage().sum() / 1024**2
    print('Memory usage of dataframe is {:.2f} MB'.format(start_mem))

    # 遍历数据框的每一列
    for col in df.columns:
        col_type = df[col].dtype

        # 如果列的数据类型不是对象类型
        if col_type != object:
            c_min = df[col].min()
            c_max = df[col].max()

            # 如果列的数据类型为整数型
            if str(col_type)[:3] == 'int':
                # 检查是否可以转换为 int8 类型
                if c_min > np.iinfo(np.int8).min and c_max < np.iinfo(np.int8).
max:
                    df[col] = df[col].astype(np.int8)
                # 检查是否可以转换为 int16 类型
                elif c_min > np.iinfo(np.int16).min and c_max <
np.iinfo(np.int16).max:
                    df[col] = df[col].astype(np.int16)
                # 检查是否可以转换为 int32 类型
                elif c_min > np.iinfo(np.int32).min and c_max <
np.iinfo(np.int32).max:
                    df[col] = df[col].astype(np.int32)
                # 检查是否可以转换为 int64 类型
                elif c_min > np.iinfo(np.int64).min and c_max <
np.iinfo(np.int64).max:
```

```
                df[col] = df[col].astype(np.int64)
            # 如果列的数据类型为浮点型
            else:
                # 检查是否可以转换为float16类型
                if c_min > np.finfo(np.float16).min and c_max < 
np.finfo(np.float16).max:
                    df[col] = df[col].astype(np.float16)
                # 检查是否可以转换为float32类型
                elif c_min > np.finfo(np.float32).min and c_max < 
np.finfo(np.float32).max:
                    df[col] = df[col].astype(np.float32)
                # 否则转换为float64类型
                else:
                    df[col] = df[col].astype(np.float64)
        else:
            # 如果列的数据类型是对象类型，则转换为分类类型
            df[col] = df[col].astype('category')

    # 计算优化后的内存使用量
    end_mem = df.memory_usage().sum() / 1024**2
    print('Memory usage after optimization is: {:.2f} MB'.format(end_mem))
    print('Decreased by {:.1f}%'.format(100 * (start_mem - end_mem) / 
start_mem))

    return df

# 使用reduce_mem_usage函数对数据框df进行内存优化
df = reduce_mem_usage(df)
```

需要注意的是，在完成该操作后，如果需要进一步对这些列进行变换，需要确保变换后的数据不能操作该数据类型的表达范围，否则会影响后续的建模。

2.3 特征构造

特征构造是机器学习任务中非常重要的一环，它的目的是把原始数据转换为机器学习算法可以理解的特征，以更好地描述数据，从而提高模型的泛化能力和预测性能。

2.3.1 时间特征

在实际数据中，时间列通常以时间戳的形式表示，如“2019-11-20 14:30:00”，时间戳

无法直接作为模型的输入，需要从中提取更细粒度的时间属性。从时间戳中能提取的特征包括年、月、日、小时、日历周、星期、是否周末、季度、是否月初、是否月末、是否节假日等。

```
import pandas as pd

def get_time_feature(df, col):
    """
    从时间列提取时间特征并添加到数据框中

    参数：
    df: pandas.DataFrame，包含时间列的数据框
    col: str，时间列的名称

    返回：
    添加时间特征后的数据框
    """

    prefix = col + "_"

    # 将时间列转换为时间类型
    df[col] = pd.to_datetime(df[col])

    # 提取年份并添加为新列
    df[prefix + 'year'] = df[col].dt.year

    # 提取月份并添加为新列
    df[prefix + 'month'] = df[col].dt.month

    # 提取日期并添加为新列
    df[prefix + 'day'] = df[col].dt.day

    # 提取小时并添加为新列
    df[prefix + 'hour'] = df[col].dt.hour

    # 提取一年中的周数并添加为新列
    df[prefix + 'weekofyear'] = df[col].dt.weekofyear

    # 提取一周中的星期几并添加为新列
    df[prefix + 'dayofweek'] = df[col].dt.dayofweek

    # 判断日期是否为周末并添加为新列
```

```
    df[prefix + 'is_wknd'] = df[col].dt.dayofweek // 5

    # 提取季度并添加为新列
    df[prefix + 'quarter'] = df[col].dt.quarter

    # 判断日期是否为月初并添加为新列
    df[prefix + 'is_month_start'] = df[col].dt.is_month_start.astype(int)

    # 判断日期是否为月末并添加为新列
    df[prefix + 'is_month_end'] = df[col].dt.is_month_end.astype(int)

    # 判断日期是否为假日并添加为新列
    df[prefix + 'is_holiday'] = df[col].apply(lambda x: 1 if is_holiday(x)
else 0)

    return df

# 使用 get_time_feature 函数从列 time 中提取时间特征并添加到数据框 df 中
df = get_time_feature(df, "time")
```

2.3.2　单变量特征

单变量特征提取是指通过对单个变量进行一定的变换操作进行特征提取。变量通常分为连续型变量和离散型变量，两种类型的变量有其常见的单变量特征提取方式。

1. 连续型变量

连续型变量是指在一定范围内可以取任何数值的变量，它可以是实数、有理数或特殊的无理数，如身高、体重、温度等。由于连续型变量的取值范围非常广，因此单变量特征提取对于连续型变量的处理非常重要。

1）分桶特征

分桶特征将连续型变量分配到离散的桶中，分桶特征有助于提高模型的稳定性，原因在于分桶特征更不容易受到异常值的干扰。

```
df['continuous_var_bin'] = pd.cut(df['continuous_var'], 10, labels=False)
```

2）Box-Cox 变换

Box-Cox 变换是一种广义幂变换方法，它可以明显地改善数据的正态性、对称性和方差相等性，从而在某些情况下有利于模型的训练。常见的 log 变换也是 Box-Cox 变换的一种特殊形式，在回归问题中，经常对标签进行 log 变换，模型对变换后的值进行拟合，预测完成后再对结果进行逆运算。实际使用中，常使用 log1p 替代 log，它的逆运算是 expm1 函数。

```
import scipy.stats as st
df['continuous_var_box-cox'], _ = st.boxcox(df['continuous_var'])
df['continuous_var_log1p'] = np.log1p(df['continuous_var'])
```

3）排序特征

有些情况下更关心数值间的相对关系，排序特征能很好地表达这一信息。

```
df['continuous_var_rank'] = df['continuous_var'].rank()
```

2. 离散型变量

离散型变量是指取值只能是有限个数的变量，它可以是名义型、顺序型或二元型变量，如性别、职业、学历等。

1）计数特征

计数特征是指计算离散型变量在数据集中出现的频次。

```
df['discrete_var_count'] = df.groupby(['discrete_var'])['discrete_var'].
transform('count')
```

2）排序特征

某些离散型变量本身带有排序信息，如成绩的等级 A、B、C，此时需要提取变量的排序特征。

```
df['discrete_var_rank'] = df['discrete_var'].map({'A':1, 'B':2, 'C':3})
```

3）LabelEncoder

LabelEncoder 将变量的类别映射成整数。

```
from sklearn.preprocessing import LabelEncoder
le = LabelEncoder()
df['discrete_var_LabelEncoder'] = le.fit_transform(df['discrete_var'])
```

4）one-hot

one-hot 将单变量转变为多列（列数和变量的类别数一致），每列代表该样本是否为该特征的某一种取值。每列的数值由 0 或 1 构成，1 表示是，0 表示否。

```
pd.get_dummies(df['discrete_var'], prefix = 'discrete_var')
```

2.3.3 组合特征

不同于单变量特征，组合特征是指对多个特征进行组合操作来构造新的特征。组合特征分为三类：离散特征×连续特征、离散特征×离散特征、连续特征×连续特征。

1．离散特征×连续特征

使用离散特征进行分组聚合，计算分组内连续特征的统计信息。统计信息包括最大值、最小值、中位数、均值、方差、和、峰度、偏度、排序特征、百分比。

```
# 计算最大值、最小值、中位数、均值、方差、和
df.groupby('discrete_var1').agg({'continuous_var1': ['max', 'min',
'median', 'mean', 'std', 'sum']})
# 计算偏度和峰度
from scipy.stats import skew, kurtosis
df.groupby('discrete_var1').agg({'continuous_var1': [skew, kurtosis]})
# 排序特征
df['continuous_var1-rank'] = df.groupby('discrete_var1')
['continuous_var1'].rank()
# 百分比
df['percentage'] = 100 * df['continuous_var1'] /
df.groupby('discrete_var1')['continuous_var1'].transform('sum')
```

2．离散特征×离散特征

使用其中一个离散特征进行分组聚合，计算另一个离散特征在分组内的种类数。

```
# 分组内的种类数
df.groupby('discrete_var1').agg({'discrete_var2': ['nunique']})
```

将两个离散特征进行拼接，组成一个离散特征，再使用离散型单变量的特征提取方式。

```
# 离散特征拼接
df['discrete_var1-var2'] = df['discrete_var1'].astype(str) + '-' +
df['discrete_var2'].astype(str)
```

3．连续特征×连续特征

使用双目运算对两列连续特征进行计算，包括加、减、乘、除、取余。

```
# 双目运算
df['continuous_var1_add_continuous_var2'] = df['continuous_var1'] +
df['continuous_var2']
```

```
df['continuous_var1_sub_continuous_var2'] = df['continuous_var1'] -
df['continuous_var2']
df['continuous_var1_mul_continuous_var2'] = df['continuous_var1'] *
df['continuous_var2']
df['continuous_var1_div_continuous_var2'] = df['continuous_var1'] /
df['continuous_var2']
df['continuous_var1_mod_continuous_var2'] = df['continuous_var1'] %
df['continuous_var2']
```

对多列特征计算统计信息，包括最大值、最小值、中位数、均值、方差、和。

```
# 多列特征计算统计值
df['continuous_var1_var2_max']    = df[['continuous_var1',
'continuous_var2']].max(axis = 1)
df['continuous_var1_var2_min']    = df[['continuous_var1',
'continuous_var2']].min(axis = 1)
df['continuous_var1_var2_median'] = df[['continuous_var1',
'continuous_var2']].median(axis = 1)
df['continuous_var1_var2_mean']   = df[['continuous_var1',
'continuous_var2']].mean(axis = 1)
df['continuous_var1_var2_std']    = df[['continuous_var1',
'continuous_var2']].std(axis = 1)
df['continuous_var1_var2_sum']    = df[['continuous_var1',
'continuous_var2']].sum(axis = 1)
```

2.3.4 降维/聚类特征

1. 降维特征

降维特征是指使用一些降维技术对原始数据进行变换构造的特征。降维特征之间关联性较低，单个特征表达的信息较为稠密。典型的降维技术包括主成分分析（principal component analysis，PCA）、独立成分分析（independent component analysis，ICA）、奇异值分解（singular value decomposition，SVD）、高斯随机投影（gaussian random projection，GRP）、稀疏随机投影（sparse random projection，SRP）、非负矩阵分解（nonnegative matrix factorization，NMF）。

```
from sklearn.decomposition import PCA, FastICA, TruncatedSVD, NMF
from sklearn.random_projection import GaussianRandomProjection,
SparseRandomProjection

n_comp = 3  # 设置降维后的特征数量
```

```
# 使用 PCA 进行降维
pca = PCA(n_components=n_comp, random_state=42)    # 创建 PCA 对象，设置降维后的特征数量和随机种子
pca_df = pd.DataFrame(pca.fit_transform(df))       # 对数据进行降维，并将结果存储在 DataFrame 中

# 使用 ICA 进行降维
ica = FastICA(n_components=n_comp, random_state=42)# 创建 ICA 对象，设置降维后的特征数量和随机种子
ica_df = pd.DataFrame(ica.fit_transform(df))       # 对数据进行降维，并将结果存储在 DataFrame 中

# 使用 tSVD 进行降维
tsvd = TruncatedSVD(n_components=n_comp, random_state=42)  # 创建 tSVD 对象，设置降维后的特征数量和随机种子
tsvd_df = pd.DataFrame(tsvd.fit_transform(df))     # 对数据进行降维，并将结果存储在 DataFrame 中

# 使用 GRP 进行降维
grp = GaussianRandomProjection(n_components=n_comp, eps=0.1,
random_state=42)  # 创建 GRP 对象，设置降维后的特征数量、eps 值和随机种子
grp_df = pd.DataFrame(pd.DataFrame(grp.fit_transform(df)))  # 对数据进行降维，并将结果存储在 DataFrame 中

# 使用 SRP 进行降维
srp = SparseRandomProjection(n_components=n_comp, dense_output=True, random_state=42)  # 创建 SRP 对象，设置降维后的特征数量、dense_output 参数和随机种子
srp_df = pd.DataFrame(srp.fit_transform(df))  # 对数据进行降维，并将结果存储在 DataFrame 中

# 使用 NMF 进行降维
nmf = NMF(n_components=n_comp, init='nndsvdar', random_state=42)  # 创建 NMF 对象，设置降维后的特征数量、初始化方式和随机种子
nmf_df = pd.DataFrame(nmf.fit_transform(df))  # 对数据进行降维，并将结果存储在 DataFrame 中
```

2. 聚类特征

聚类特征是指使用无监督的聚类算法，对数据进行聚类，将样本所属的类别作为特征。典型的聚类算法包括 k 均值聚类算法（k-means clustering algorithm）、谱聚类（spectral clustering）算法。

```
from sklearn.cluster import KMeans, SpectralClustering

# k 均值聚类算法
kms = KMeans(n_clusters=3, random_state=1).fit(df)
df['kmeans_Cluster'] = kms.labels_

# 谱聚类算法
sc = SpectralClustering().fit(df)
df['sc_Cluster'] = sc.labels_
```

2.3.5 目标值相关特征

1. 目标编码

目标编码的主要思想是根据类别型变量对目标值的影响进行目标编码，常用的方法为计算该类别下的目标值均值。目标编码是一种强大的特征构造方法，但在使用过程中需要注意目标泄露的问题。为了避免目标泄露，通常采用交叉计算的方式。

```
From sklearn.model_selection import KFold
def fe_target_encoding(train, test, key, label, k = 5):
    """
    函数用于进行目标编码

    参数:
    train: 训练数据集
    test: 测试数据集
    key: 要进行编码的特征名称
    label: 目标变量名称
    k: KFold 的分裂数量，默认为 5

    返回:
    oof_train: 对训练集进行编码后的结果
    oof_test: 对测试集进行编码后的结果
    """

    # 创建两个用于存储编码后的数据的 0 数组
    oof_train, oof_test = np.zeros(train.shape[0]),np.zeros(test.shape[0])

    # 使用 K 折交叉验证的方法来创建训练集和验证集的索引
    skf = KFold(n_splits = k).split(train)

    # 遍历每一折
    for i, (train_idx, valid_idx) in enumerate(skf):
```

```
        # 根据索引得到训练集和验证集
        df_train = train[key + [label]].loc[train_idx]
        df_valid = train[key].loc[valid_idx]

        # 对训练集进行分组，并对每一组计算目标变量的均值
        df_map = df_train.groupby(key)[[label]].agg('mean')

        # 将训练集的均值映射到验证集上
        oof_train[valid_idx] = df_valid.merge(df_map, on = key, how =
'left')[label].values

        # 将训练集的均值映射到测试集上，并处理缺失值
        oof_test += test[key].merge(df_map, on = key, how = 'left')[label].
fillna(-1).values / k

    # 返回编码后的训练集和测试集
return oof_train, oof_test
```

2. 梯度提升决策树特征

梯度提升决策树（gradient boosting decision tree，GBDT）是一种集成学习算法，采用的是 Boosting 技术，在每一步迭代过程中，构建新的弱学习器（决策树）来弥补当前模型的不足，GBDT 预测的结果是对多个串联决策树的预测结果进行求和。

GBDT 的特征构造方法为：假设我们训练好一个包含 N 棵树的 GBDT 模型，并为每棵树的叶子结点进行了编号（见图 2.9）。当我们将一个样本输入 GBDT 进行预测时，样本会在每棵树中分别落到一个叶子结点上，可以把这些叶子结点的编号作为特征，从而得到 N 个特征。

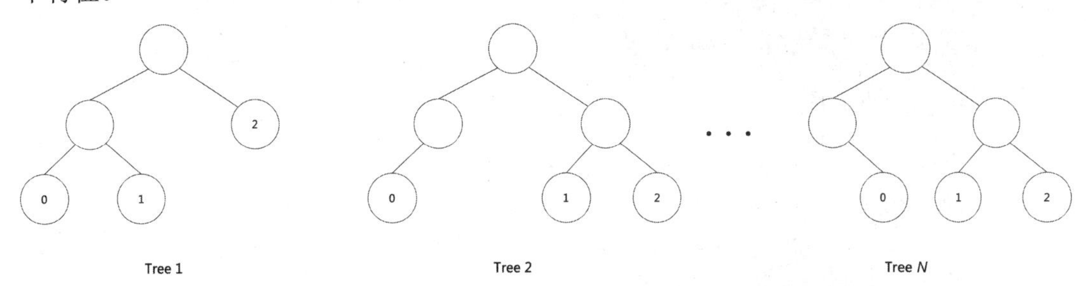

图 2.9　对 GBDT 每棵树的叶子结点进行编号

```
import lightgbm as lgb
def fe_gbdt(train, test, used, category, label):
    """
    函数用于对输入特征进行 LightGBM 编码
```

```
    参数:
    train: 训练数据集
    test: 测试数据集
    used: 使用的特征列的名称
    category: 类别特征列的名称
    label: 目标变量的名称

    返回:
    train_lgb_feature: 对训练集进行编码后的结果
    test_lgb_feature: 对测试集进行编码后的结果
    """

    # 定义 LightGBM 模型的参数
    params = {'num_leaves': 41,
              'min_child_weight': 0.03,
              'feature_fraction': 0.3,
              'bagging_fraction': 0.4,
              'min_data_in_leaf': 96,
              'objective': 'binary',
              'max_depth': -1,
              'learning_rate': 0.01,
              "boosting_type": "gbdt",
              "bagging_seed": 11,
              "metric": 'auc',
              "verbosity": -1,
              'reg_alpha': 0.4,
              'reg_lambda': 0.6,
              'random_state': 47,
              'num_threads': -1
             }
    # 定义迭代次数
    N_round = 30

    # 构建用于训练的数据集
    trn_data = lgb.Dataset(train[used], label=train[label],
categorical_feature = category)

    # 训练模型
    clf = lgb.train(params, trn_data, num_boost_round=N_round,
valid_sets=[trn_data], verbose_eval=10)

    # 使用模型对训练集和测试集进行预测，并将结果作为新的特征
    train_lgb_feature= pd.DataFrame(clf.predict(train[used],
```

```
pred_leaf=True))
    test_lgb_feature= pd.DataFrame(clf.predict(test[used],
pred_leaf=True))

    # 为新特征命名
    tree_feas = ["gbdt_" + str(i) for i in range(1, N_round + 1)]
    train_lgb_feature.columns = tree_feas
    test_lgb_feature.columns = tree_feas

    # 返回编码后的训练集和测试集
    return train_lgb_feature, test_lgb_feature
```

2.3.6　拼表特征

在表格类数据挖掘竞赛中，经常会存在多张数据表的情形。为了综合利用这些表格的信息，需要将多张表进行拼接。这里讨论常见的 1 对 1 和 1 对多两种拼表场景。

1．1 对 1 拼表

在 1 对 1 拼表的场景下，只需要将两张表以连接键进行拼接。在下面的例子中，表 2.1 包含了用户 id、性别、职业以及对应的标签信息，表 2.2 包含了用户的更多信息，可以将第二张表通过用户 id 拼接到第一张表中，拼接后的结果如表 2.3 所示。

表 2.1　用户基本信息

用户 id	性　别	职　业	标　签
000014b8ec0ce8ad7c20f56915fc3a9f	1	2	0
0003f283dfacd7100bba76d876cf94da	1	4	0
0015f0bf7222ad1b2a96612d752552c3	1	2	0
00251f8fa9f3e014339d90e4dba1affd	1	2	0
00284cf15ae27d1ddf4f93922cd7bcb5	1	2	0

表 2.2　用户补充信息

用户 id	教育程度	婚姻状态	户口类型
000014b8ec0ce8ad7c20f56915fc3a9f	3	1	2
0003f283dfacd7100bba76d876cf94da	4	1	2
0015f0bf7222ad1b2a96612d752552c3	4	2	2
00251f8fa9f3e014339d90e4dba1affd	4	3	1
00284cf15ae27d1ddf4f93922cd7bcb5	4	3	1

表 2.3　1 对 1 拼表结果

用户 id	性别	职业	教育程度	婚姻状态	户口类型	标签
000014b8ec0ce8ad7c20f56915fc3a9f	1	2	3	1	2	0
0003f283dfacd7100bba76d876cf94da	1	4	4	1	2	0
0015f0bf7222ad1b2a96612d752552c3	1	2	4	2	2	0
00251f8fa9f3e014339d90e4dba1affd	1	2	4	3	1	0
00284cf15ae27d1ddf4f93922cd7bcb5	1	2	4	3	1	0

2. 1 对多拼表

在 1 对多拼表的场景下，需要先对副表提取特征，然后再拼接到主表中。在下面的反欺诈场景中，目标是预测用户是否违约。主表（见表 2.4）中的每个用户为一条样本，包含每个用户的基本信息（如性别、职业等）以及用户是否违约，副表（见表 2.5）表示用户的银行卡交易记录，每个用户可能有多条交易记录，故主表和副表是一对多的关系。

表 2.4　用户信息表

用户 id	性别	职业	教育程度	婚姻状态	户口类型	标签
000014b8ec0ce8ad7c20f56915fc3a9f	1	2	3	1	2	0
0003f283dfacd7100bba76d876cf94da	1	4	4	1	2	0
0015f0bf7222ad1b2a96612d752552c3	1	2	4	2	2	0
00251f8fa9f3e014339d90e4dba1affd	1	2	4	3	1	0
00284cf15ae27d1ddf4f93922cd7bcb5	1	2	4	3	1	0

表 2.5　用户银行卡交易记录表

用户 id	交易类型	交易金额	工资收入标记	月份
000014b8ec0ce8ad7c20f56915fc3a9f	1	38.134741	0	1
000014b8ec0ce8ad7c20f56915fc3a9f	1	40.189051	0	1
000014b8ec0ce8ad7c20f56915fc3a9f	2	42.143743	1	1
000014b8ec0ce8ad7c20f56915fc3a9f	1	40.125193	0	1
000014b8ec0ce8ad7c20f56915fc3a9f	1	39.317371	0	1

聚合统计是一种将数据集合并到单个结果的方法，通常用于将多个数据源中的相关数据组合成一个数据集，以便进行进一步的分析。

1）聚合统计

将副表信息传递给主表的最常用的方法是对副表进行聚合求统计信息，例如计算用户银行卡交易记录中的平均交易金额、交易总金额等。

```
continue_ops = ['max', 'min', 'median', 'mean', 'std', 'sum']
```

```
discrete_ops = ['nunique']

temp = bank_train.groupby('用户 id').agg({'交易类型': discrete_ops, '交易金
额': stat_ops, '工资收入标记': discrete_ops, '月份': discrete_ops}).
reset_index()

# 重命名
rename_cols = []
for item in temp.columns:
    if item[1] != '':
        rename_cols.append('_'.join(item))
    else:
        rename_cols.append(''.join(item))
temp.columns = rename_cols

train = train.merge(temp, on = '用户 id', how = 'left')
```

2）构造副表 meta 特征

构造副表 meta 特征是一种更加高效且充分地利用副表信息的特征构造方式，其流程如图 2.10 所示。

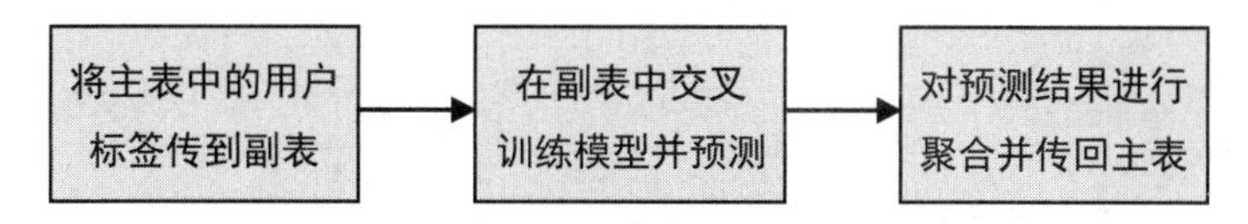
将主表中的用户标签传到副表
在副表中交叉训练模型并预测
对预测结果进行聚合并传回主表

图 2.10　构造副表 meta 特征的流程

以表 2.4 和表 2.5 的数据为例，构造副表 meta 特征，步骤如下。

（1）从主表中将用户的标签传到副表，此时副表中每条交易记录都有一个标签。

（2）将副表进行随机切分（假设为五折），交叉五次，每次使用其中四折进行训练，对另外一折以及测试集进行预测，获得预测结果。其中训练集的预测结果为五次预测结果的拼接，测试集的预测结果为五次预测结果的平均。

（3）将预测结果进行聚合，获得预测结果的统计值，如最大值、最小值、均值方差，并传回主表。

```
# 将主表中的用户标签传到副表
bank_train = bank_train.merge(train[['用户 id', '标签']], on = '用户 id',
how = 'left')

# 五折交叉，在副表中交叉训练并预测
Id = ['用户 id']
target = '标签'
```

```
used = ['交易类型', '交易金额', '工资收入标记', '月份']

bank_train['predict'] = -1
test_predict = np.zeros(bank_test.shape[0])

folds = StratifiedKFold(n_splits=5, shuffle=True, random_state=42)

for n_fold, (trn_idx, val_idx) in enumerate(folds.split(bank_train[used],
bank_train[target])):

    print(f'n_fold: {n_fold + 1}')

    clf = LogisticRegression(random_state=0)
    clf.fit(bank_train.loc[trn_idx][used], bank_train.loc[trn_idx]
[target])

    bank_train.loc[val_idx, 'predict'] = clf.predict_proba(bank_train.
loc[val_idx][used])[:,1]

    test_predict += clf.predict_proba(bank_test[used])[:, 1] /
folds.n_splits

bank_test['predict'] = test_predict

# 对预测结果进行聚合并传回主表
stat_ops = ['max', 'min', 'median', 'mean', 'std', 'count']

temp = bank_train.groupby('用户 id').agg({'predict':
stat_ops}).reset_index()
temp.columns = ['_'.join(x) if x[1] != '' else ''.join(x) for x in
list(temp.columns)]
train = train.merge(temp, on = '用户 id', how = 'left')

temp = bank_test.groupby('用户 id').agg({'predict':
stat_ops}).reset_index()
temp.columns = ['_'.join(x) if x[1] != '' else ''.join(x) for x in
list(temp.columns)]
test = test.merge(temp, on = '用户 id', how = 'left')
```

3）使用时序模型构造副表 meta 特征

当副表存在时序信息时，也可以考虑使用时序模型构造副表 meta 特征，使用时序模型构造副表 meta 特征流程如图 2.11 所示。

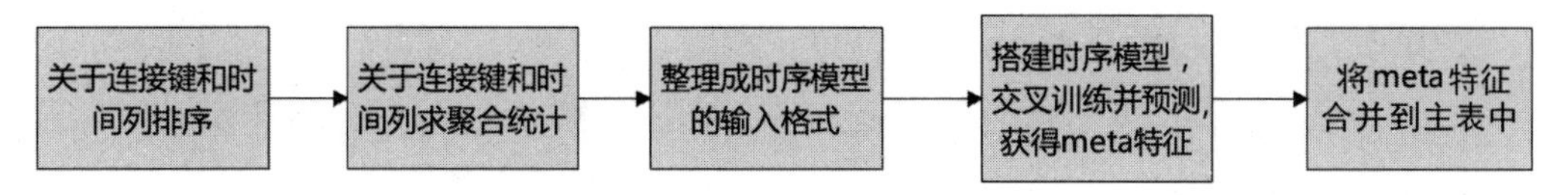

图 2.11　使用时序模型构造副表 meta 特征流程

下面以表 2.4 和表 2.5 的数据为例，构造副表 meta 特征，步骤如下。

（1）对副表关于连接键（用户 id）和时间列（月份）进行排序。

（2）对副表关于连接键（用户 id）和时间列（月份）求聚合统计，这里计算每个用户每个月各个特征的均值。

（3）整理成时序模型的输入格式。

（4）搭建时序模型，交叉训练模型并预测，获得时序 meta 特征。其中训练集的预测结果为多层交叉预测结果的拼接，测试集的预测结果为多次预测结果的平均。

（5）将 meta 特征合并到主表中。

```
# 对副表关于连接键和时间列排序
bank_train = bank_train.sort_values(by = ['用户 id', '月份'])
bank_test  = bank_test.sort_values(by = ['用户 id', '月份'])

# 对副表关于连接键和时间列求聚合统计
num_aggregations = {
    '交易类型': ['mean'],
    '交易金额': ['mean'],
    '工资收入标记': ['mean']
}


bank_train_g = bank_train.groupby(['用户 id','月份']).agg(num_aggregations)
bank_test_g  = bank_test.groupby(['用户 id','月份']).agg(num_aggregations)
bank_train_g.columns = ['交易类型', '交易金额', '工资收入标记']
bank_test_g.columns = ['交易类型', '交易金额', '工资收入标记']

# 整理成时序模型的输入格式：样本数×时间步数×特征列数
train_x = np.array(bank_train_g.to_xarray().to_array())
train_x = train_x.swapaxes(0,1).swapaxes(1,2)

test_x = np.array(bank_test_g.to_xarray().to_array())
test_x = test_x.swapaxes(0,1).swapaxes(1,2)

train_x[np.isnan(train_x)]=-9
test_x[np.isnan(test_x)]=-9
```

```
train_y = np.array(train[target])

# 搭建时序模型
def build_model(time_step, n_features):
    model = Sequential()
    model.add(GRU(8, input_shape=(time_step, n_features))) #unit: #of
neurons in each LSTM cell? input_shape=(time_step, n_features)
    model.add(Dense(1,activation='sigmoid'))
    return model

class IntervalEvaluation(Callback):
    def __init__(self, validation_data=(), interval=1):
        super(Callback, self).__init__()

        self.interval = interval
        self.X_val, self.y_val = validation_data

    def on_epoch_end(self, epoch, logs={}):
        if epoch % self.interval == (self.interval-1):
            y_pred = self.model.predict(self.X_val, verbose=0)[:,0]
            score = roc_auc_score(self.y_val, y_pred)
            print('roc score',score)

# 交叉训练模型并预测，获得时序 meta 特征
folds = StratifiedKFold(n_splits=5, shuffle=True, random_state=777)
oof_preds = np.zeros(train_x.shape[0])
sub_preds = np.zeros(test_x.shape[0])

for n_fold, (trn_idx, val_idx) in enumerate(folds.split(train_x, train_y)):
    trn_x, val_x = train_x[trn_idx], train_x[val_idx]
    trn_y, val_y = train_y[trn_idx], train_y[val_idx]
    ival = IntervalEvaluation(validation_data=(val_x, val_y), interval=5)

    model = build_model(trn_x.shape[1],trn_x.shape[2])

    model.compile(loss='binary_crossentropy', optimizer=Adam(decay=0.0005))

    model.fit(trn_x, trn_y,
            validation_data= (val_x, val_y),
            epochs=5, batch_size=5000,
            class_weight = {0:1,1:10},
            callbacks=[ival], verbose=5)
```

```
    oof_preds[val_idx] = model.predict(val_x)[:,0]
    sub_preds += model.predict(test_x)[:,0] / folds.n_splits

    print('Fold %2d AUC : %.6f' % (n_fold + 1, roc_auc_score(val_y,
oof_preds[val_idx])))

    del model, trn_x, trn_y, val_x, val_y
    gc.collect()

pos_score_train = pd.DataFrame({'用户 id':train['用户 id'],
'gru_feature':oof_preds})
pos_score_test = pd.DataFrame({'用户 id':test['用户 id'],
'gru_feature':sub_preds})

# 将 meta 特征合并到主表中
train = train.merge(pos_score_train, on = '用户 id', how = 'left')
test  = test.merge(pos_score_test, on = '用户 id', how = 'left')
```

2.3.7　时序特征

时序特征是指对于带有时间信息的数据，根据时间顺序提取特征。时序特征的提取可以帮助我们更好地了解数据的时间变化规律，具有重要的实际应用价值。

当数据样本中存在时间信息时，可以对数据提取时间序列相关的特征。图 2.12 为一个带时间列的数据表。

	用户id	time	消费金额
0	17	2020-01-01 00:30:04	17.0
1	38	2020-01-01 01:14:13	87.0
2	36	2020-01-01 02:48:01	12.0
3	36	2020-01-01 02:50:20	4.0
4	31	2020-01-01 03:14:22	6.0
...	...	...	...
995	49	2020-01-30 21:02:24	81.0
996	55	2020-01-30 21:26:39	37.0
997	9	2020-01-30 21:43:22	36.0
998	19	2020-01-30 22:58:34	41.0
999	15	2020-01-30 23:01:06	86.0

图 2.12　时序特征样例数据

需要注意的是，在提取时序特征时，需先对数据关于时间列进行排序。

```
df = df.sort_values(by = 'time').reset_index(drop = True)
```

1. lag 特征

lag 特征是指对某一类别变量聚合后，获取同一类别变量下前 *N* 条（或后 *N* 条）样本对应的信息。例如，对图 2.12 中的数据，获取同一个用户上一条购买记录所对应的消费金额。

```
key = '用户 id'
val = '消费金额'
step = 1
name = f'{key}_{val}_lag_{step}'
df[name] = df.groupby(key)[val].transform(lambda x: x.shift(step))
```

2. diff 特征

diff 特征在 lag 特征的基础上做了进一步的变换。按时间排序后，对某一列进行聚合，然后计算另一列当前样本和前 *N* 条（或后 *N* 条）样本的差值。例如，对图 2.12 中的数据按时间排序后，计算用户当前消费记录的消费金额和上一笔消费记录的消费金额的差。

```
key = '用户 id'
val = '消费金额'
step = 1
name = f'{key}_{val}_diff_{step}'
lag_val = df.groupby(key)[val].shift(step).values
origin_val = df.groupby(key)[val].shift(0).values
df[name] = lag_val - origin_val
```

3. 时序窗口内统计特征

时序窗口内统计特征是指先按时间排序，对某一列进行聚合后，获取最近一定窗口范围内（窗口可以是固定数量的观测值，也可以是固定的时间范围内）的记录，计算窗口内某一列的统计特征（如均值、方差、中位数、最大值、最小值等）。

```
key = '用户 id'
val = '消费金额'
window = 3
ops = ['mean', 'std', 'median', 'max', 'min']

for op in ops:
    name = f'{key}_{val}_rolling_{window}_{op}'
    if op == 'mean':
        df[name] = df.groupby(key)[val].transform(lambda x:
```

```
x.rolling(window=window).mean())
    if op == 'std':
        df[name] = df.groupby(key)[val].transform(lambda x:
x.rolling(window=window).std())
    if op == 'median':
        df[name] = df.groupby(key)[val].transform(lambda x:
x.rolling(window=window).median())
    if op == 'max':
        df[name] = df.groupby(key)[val].transform(lambda x:
x.rolling(window=window).max())
    if op == 'min':
        df[name] = df.groupby(key)[val].transform(lambda x:
x.rolling(window=window).min())
```

需要注意的是，在绝大多数数据挖掘竞赛中，允许使用比当前记录时间靠后的样本构造特征，且这类特征有时效果比较显著。在实际业务场景中，这类特征在部署上线时存在无法获取的情况。

2.4 特征筛选

使用过多的特征训练模型会带来一些副作用，因此需要过滤这些可能带来副作用的特征。特征过滤的思路主要分为两类。第一类是冗余特征、无效或者低效特征的过滤。这类特征会带来效率低下的问题，可能出现硬盘或者内存“爆炸”的情况，或导致模型的训练以及预测时间过长。第二类是过拟合特征，这类特征会导致模型效果下降。对于上述不同类型的特征，可以使用不同的方法进行过滤。

2.4.1 冗余特征过滤

冗余特征是指两个特征表达的信息高度重合，此时可以将其中一个特征删除，通过计算相关系数的方法获得两个特征的信息重合度。

```
def redundant_feature_filter(df, threshold=0.9):
    """
    函数用于过滤数据集中高度相关的特征

    参数:
    df: 输入的 DataFrame 数据集
```

```
    threshold: 用于确定是否剔除某个特征的相关性阈值，默认值为 0.9

    返回:
    redundant_features: 返回被过滤的特征名称列表
    """
    # 计算输入数据集的相关性矩阵
    corr = df.corr()

    # 创建一个与列数相同长度的布尔型数组，初始化所有值为 True
    columns = np.full((corr.shape[0],), True, dtype=bool)

    # 遍历相关性矩阵中的每一个元素
    for i in range(corr.shape[0]):
        for j in range(i+1, corr.shape[0]):
            # 如果某两个特征之间的相关性高于设定的阈值
            if corr.iloc[i,j] >= threshold:
                # 如果该特征还未被标记为 False，则将其标记为 False，表示该特征需要被剔除
                if columns[j]:
                    columns[j] = False

    # 获取保留下来的特征名称
    selected_columns = list(df.columns[columns])

    # 获取被过滤的特征名称
    redundant_features = [x for x in df.columns if x not in selected_columns]

    # 返回被过滤的特征名称
    return redundant_features
```

2.4.2 无效/低效特征过滤

本节介绍四种常见的无效/低效特征过滤方法：方差阈值、线性模型特征重要性、树模型特征重要性以及置换重要性。这些方法都可以用来评估数据集中的特征，以便删除无用/低效的特征，从而提高模型的预测精度和可解释性。

1. 方差阈值

方差表达了一个特征的离散程度。如果一个特征的方差接近或等于 0，模型无法从该特征中学到有用的信息，只会增加模型的复杂度，需要将其删除。

```
def variance_filter(df, threshold=1e-10):
    low_var_features = list(df.columns[df.var() < threshold])
    return low_var_features
```

2．线性模型特征重要性

线性模型（逻辑回归、线性回归、岭回归、Lasso 回归等）使用输入特征的加权和进行预测，可以使用这些加权系数的绝对值大小表征特征的重要性。

```
def get_lr_importance(df, used, target):
    from sklearn.linear_model import LogisticRegression
    model = LogisticRegression()
    model.fit(df[used], df[target])
    importance = model.coef_[0]
    lr_importance = pd.DataFrame(df[used].columns)
    lr_importance.columns = ['feature']
    lr_importance['importance'] = abs(importance)
    lr_importance = lr_importance.sort_values(by = 'importance', ascending
= False).reset_index(drop = True)
    return lr_importance
```

3．树模型特征重要性

树模型（决策树、随机森林、XGBoost、LightGBM 等）每次使用一个特征对数据空间进行分裂，可以使用特征在决策树构造过程中的参与程度（如分裂特征的次数、分裂结点值的信息增益）表征特征的重要性。

```
from sklearn.ensemble import RandomForestClassifier
def get_rf_importance(df, used, target):
    """
    函数用于获取特征的重要性

    参数:
    df: 输入的 DataFrame 数据集
    used: 用于训练模型的特征列的名称
    target: 目标变量的名称

    返回:
    rf_importance: 返回一个 DataFrame，包含了每个特征及其对应的重要性
    """

    # 创建随机森林模型
    model = RandomForestClassifier()

    # 训练模型
    model.fit(df[used], df[target])
```

```
    # 获取模型特征重要性
    importance = model.feature_importances_

    # 创建一个 DataFrame，包含每个特征名称
    rf_importance = pd.DataFrame(df[used].columns)
    rf_importance.columns = ['feature']

    # 向 DataFrame 中添加每个特征的重要性
    rf_importance['importance'] = abs(importance)

    # 按照特征重要性排序，并重置索引
    rf_importance = rf_importance.sort_values(by = 'importance', ascending
= False).reset_index(drop = True)

    # 返回包含特征重要性的 DataFrame
    return rf_importance
```

4. 置换重要性

置换重要性是一种评估特征在机器学习模型中重要性的方法，通过计算在保持其他特征不变的情况下，对某个特征进行随机排列后模型预测性能的变化程度来衡量特征的重要性。

当某一列特征重要性越高时，如果对这一特征随机打乱顺序，模型的预测精度损失会越大。置换重要性正是基于这个逻辑计算特征重要性。在其他特征以及标签列不变的情况下，对一列特征随机打乱顺序，模型的预测精度损失用来表征这个被打乱顺序的特征的重要性。

```
from sklearn.linear_model import LogisticRegression
from sklearn.inspection import permutation_importance

def get_permutation_importance(df, used, target):
    """
    函数用于获取特征的置换重要性

    参数:
    df: 输入的 DataFrame 数据集
    used: 用于训练模型的特征列的名称
    target: 目标变量的名称

    返回:
    permutation_importance:返回一个 DataFrame，包含了每个特征及其对应的置换重要性
    """
```

```
    # 获取用于训练模型的特征列的名称，除了目标列
    used = [x for x in df.columns if x != target]

    # 创建并训练逻辑回归模型
    clf = LogisticRegression().fit(df[used], df[target])

    # 计算每个特征的置换重要性
    result = permutation_importance(clf, df[used], df[target], n_repeats=10, 
random_state=0)

    # 创建一个 DataFrame，包含每个特征名称
    permutation_importance = pd.DataFrame(df[used].columns)
    permutation_importance.columns = ['feature']

    # 向 DataFrame 中添加每个特征的置换重要性
    permutation_importance['importance'] = result.importances_mean

    # 按照特征置换重要性排序，并重置索引
    permutation_importance = permutation_importance.sort_values(by = 
'importance', ascending = False).reset_index(drop = True)

    # 返回包含特征置换重要性的 DataFrame
    return permutation_importance
```

2.4.3 过拟合特征过滤

1. 空值重要性

空值重要性方法可以用来判断特征的稳定性。它基于以下假设：通过将标签顺序打乱，分别计算打乱前后特征的重要性。对于一个稳定的特征，打乱后的特征重要性会下降很多；对于不稳定的特征，打乱后的特征重要性将接近甚至大于正确标签模型的特征重要性。

```
def get_null_importance(df, used, target):
    # 定义一个内部函数用于获取特征重要性
    def get_feature_importances(df, used, target, shuffle, seed=None):
        from sklearn.ensemble import RandomForestClassifier
        y = df[target].copy()                          # 获取目标值
        if shuffle:
            y = df[target].copy().sample(frac=1.0)     # 如果 shuffle 参数为真，
将目标列打乱
        model = RandomForestClassifier()               # 创建随机森林分类器模型
        model.fit(df[used], y)                         # 拟合模型
```

```
        imp_df = pd.DataFrame()         # 创建一个空的 DataFrame 用于存储特征重要性
        imp_df["feature"] = used        # 添加特征名列
        imp_df["importance"] = model.feature_importances_  # 添加特征重要性列
        return imp_df

    actual_imp_df = get_feature_importances(df, used, target, shuffle=False)
# 获取实际特征重要性

    shuffle_imp_df = pd.DataFrame() # 创建一个空的 DataFrame 用于存储随机重要性
    nb_runs = 50                    # 设置随机运行次数
    for i in tqdm(range(nb_runs), total=nb_runs):# 为每一次运行进行进度条显示
        imp_df = get_feature_importances(df, used, target, shuffle=True)
        # 计算并获取每一次运行的特征重要性
        imp_df['run'] = i + 1           # 添加运行编号列
        shuffle_imp_df = pd.concat([shuffle_imp_df, imp_df], axis=0)  # 将
所有运行的特征重要性合并到一个 DataFrame 中

    null_imp_df = pd.DataFrame()       # 创建一个空的 DataFrame 用于存储空值重要性
    null_imp_df['feature'] = used      # 添加特征名列
    null_imp_df['importance'] = 0      # 初始化重要性列为 0
    for feature in used:               # 对每一个特征进行操作
        # 计算每个特征的空值重要性：实际重要性减去平均随机重要性
        null_imp_df.loc[null_imp_df['feature'] == feature, 'importance'] = \
            actual_imp_df.loc[actual_imp_df['feature'] == feature,
'importance'].values[0] -\
            shuffle_imp_df.loc[shuffle_imp_df['feature'] == feature,
'importance'].mean()

    # 对空值重要性进行排序，重要性较高的特征排在前面，并重置索引
    null_imp_df = null_imp_df.sort_values(by = 'importance', ascending =
False).reset_index(drop = True)

    return null_imp_df                 # 返回空值重要性 DataFrame
```

2. 对抗验证

对抗验证可以筛选出在训练集和测试集中分布不一致的特征。对抗验证执行逻辑如图 2.13 所示。首先，将训练集的标签设置为 1，测试集的标签设置为 0，合并训练集和测试集。然后，使用合并后的数据集交叉训练并预测，获得验证集上的 auc。如果特征在训练集和测试集中的分布比较一致，那么获得的 auc 将接近于 0.5，因为模型无法通过特征区分出训练集和测试集。如果 auc 大于阈值（如 0.6），那么可以找出特征重要性最大的特

征，将其删除。重复交叉训练的过程，直到 auc 小于阈值。

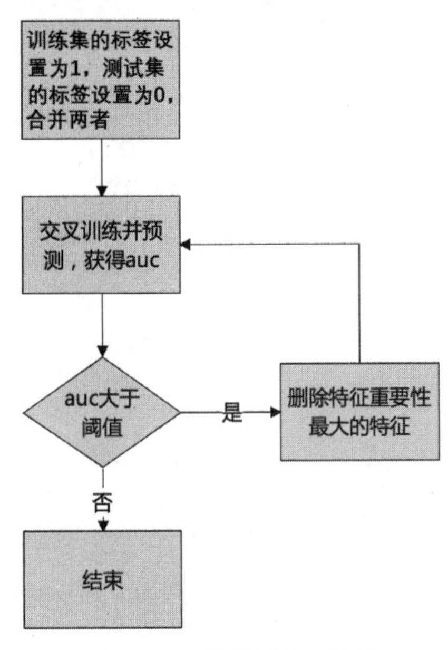

图 2.13　对抗验证执行逻辑

```
def adversarial_validation(train, test, used, target, threshold=0.6):
    # 导入需要的库
    from sklearn.model_selection import KFold
    from sklearn.ensemble import RandomForestClassifier
    from sklearn.metrics import roc_auc_score

    train[target] = 1          # 将训练集的目标列设置为 1
    test[target] = 0           # 将测试集的目标列设置为 0
    train_test = pd.concat([train, test], axis=0)  # 将训练集和测试集合并

    n_fold = 5                 # 设置 K 折交叉验证的折数
    folds = KFold(n_splits=n_fold, shuffle=True, random_state=889)  # 初始
化 KFold

    removed_features = []    # 创建一个空列表用于保存被移除的特征

    while True:                # 开始一个无限循环，直到满足退出条件才会退出
        print('#' * 50)
        AUCs = []              # 创建一个空列表用于保存每折的 AUC 得分
        feature_importances = pd.DataFrame()  # 创建一个空 DataFrame 用于保存
特征重要性
```

```
    feature_importances['feature'] = train_test[used].columns  # 添加特
征名列

    for fold_n, (train_index, valid_index) in enumerate(folds.split
(train_test[used])):                          # 开始交叉验证

        model = RandomForestClassifier()  # 初始化随机森林分类器
        model.fit(train_test[used].iloc[train_index],
train_test[target].iloc[train_index])  # 拟合模型

        feature_importances['fold_{}'.format(fold_n + 1)] = model.
feature_importances_                         # 获取并保存每折的特征重要性

        val = model.predict(train_test[used].iloc[valid_index])  # 进行
预测

        auc_score = roc_auc_score(train_test[target].
iloc[valid_index],val)                       # 计算 AUC 得分
        AUCs.append(auc_score)                 # 保存 AUC 得分

    mean_auc = np.mean(AUCs)                   # 计算平均 AUC 得分
    print(f'Mean AUC: {mean_auc}')             # 打印平均 AUC 得分

    # 计算每个特征的平均重要性
    feature_importances['average'] = feature_importances[
        [x for x in feature_importances.columns if x != "feature"]].
mean(axis=1)
    # 根据平均重要性对特征进行排序，重要性较高的特征排在前面，并重置索引
    feature_importances = feature_importances.sort_values(by="average",
ascending=False).reset_index(drop = True)

    # 如果平均 AUC 得分大于设定的阈值，那么将最重要的特征移除，然后重新进行上述过程
    if mean_auc > threshold:
        cur_removed_feature = feature_importances.loc[0, 'feature']
        print(f"remove feature {cur_removed_feature}")
        removed_features.append(cur_removed_feature)
        used = [x for x in used if x not in removed_features]
    else:  # 如果平均 AUC 得分小于或等于设定的阈值，那么退出循环，并返回被移除的特
征列表
        return removed_features
```

2.5 模　　型

在机器学习中，模型是指从数据中学习到的可用于进行预测和分类的规则或函数。在本节中，我们将介绍一些常用的结构化数据模型，包括梯度提升决策树、神经网络模型等。此外，我们还将探讨如何通过调整超参数来优化模型的性能，并介绍一些线下验证的技术，以评估模型的准确性和泛化能力。

2.5.1 结构化数据常用模型

1. 梯度提升决策树

梯度提升决策树是以决策树为基模型，结合 Boosting 的集成策略构造的模型，它是目前结构化数据问题中首先考虑使用的模型，能帮助用户快速获得效果良好的基线模型。GBDT 的优点如下。

☑ 无须对特征进行缩放。

☑ 能够自动处理缺失值。

☑ 能够在没有显式交叉变量的情况下反映变量交互信息。

☑ 拥有不必要的特征，不会对模型性能造成太大损害。

☑ 能够处理稀疏矩阵对象。

以下为三个基于 GBDT 代表性的算法实现工具或框架。

1）XGBoost

XGBoost（github 网址为 https://github.com/dmlc/XGBoost）是一个开源的 GBDT 框架。从 2015 年开始，XGBoost 在数据竞赛社区得到了广泛的使用和认可，有相当一部分比赛排名靠前的方案中，都使用了 XGBoost。

XGBoost 在传统的 GBDT 的基础上做了很多改进，使得它在效果、效率、灵活性、可扩展性方面有着如下良好的性能。

☑ 目标函数增加了正则项，缓解模型过拟合。

☑ 计算过程采用了二阶泰勒展开，一方面能让模型收敛更快，另一方面便于自定义损失函数，使得模型支持大量的损失函数。

☑ sparse-aware 算法，在处理包含大量缺失值的数据情况下，减少计算时间和内存消耗。

- ☑ weighted approximate quantile sketch（加权近似分位数草图）提出了一种在线的、带权重的分位数计算方法，能获得理论上误差不超过一定范围的近似解，且极大地降低了计算复杂度。
- ☑ 提前使用 block 结构（稀疏矩阵存储格式 CSC）保存所有连续特征的排序值，在使用时直接调用以提高效率。
- ☑ 特征的计算是多线程并行计算。

```
params = {
        'objective': 'reg:linear',
        'eval_metric':  'rmse',
        'learning_rate': 0.1,
        'max_depth': 2,
}

trn_data = xgb.DMatrix(X_train, label=y_train)
val_data = xgb.DMatrix(X_valid, label=y_valid)

clf = xgb.train(params, trn_data,
                num_boost_round=2000,
                evals=[(trn_data, 'train'), (val_data, 'valid')],
                verbose_eval=50,
                early_stopping_rounds=10)

xgb_preds = clf.predict(xgb.DMatrix(X_test))
xgb_rmse = mean_squared_error(y_test, xgb_preds, squared=False)
```

2）LightGBM

LightGBM（https://github.com/Microsoft/LightGBM）是一个由微软发布的 GBDT 框架，它强调轻量化（light），能以更高的效率获得和 XGBoost 相媲美的效果。

LightGBM 主要通过以下技术提升算法的效率。

- ☑ 基于梯度的单边采样（gradient-based one side sampling，GOSS）：梯度大的样本被保留，用于下一棵树的训练，而梯度较小的样本将通过采样的方式决定是否进入下一轮的训练样本。
- ☑ leaf-wise 的叶子生长方式：不同于 XGBoost 的 level-wise 的增长策略，LightGBM 采用的是 leaf-wise 的方式来选择决策树的分裂方式，这是一种更为高效的策略，能帮助 LightGBM 更加快速地进行拟合。
- ☑ 互斥特征捆绑（exclusive feature bundling，EFB）：将互斥的多个稀疏特征捆绑在一起合并成一个特征，降低维度以提高效率。

```
params = {
       'objective': 'regression',
       'metric': 'rmse',
       'boosting': 'gbdt',
       'learning_rate': 0.1,
       'max_depth': 2
       }

trn_data = lgb.Dataset(X_train, label=y_train, categorical_ feature=
cat_features)
val_data = lgb.Dataset(X_valid, label=y_valid, categorical_feature=
cat_features)

lgb1 = lgb.train(params, trn_data,
             num_boost_round=2000,
             valid_sets=[trn_data, val_data],
             verbose_eval=50,
             early_stopping_rounds=20)

lgb_preds = lgb1.predict(X_test)
lgb_rmse = mean_squared_error(y_test, lgb_preds, squared=False)
```

3）CatBoost

CatBoost（https://catboost.ai/）是由俄罗斯 Yandex 公司发布的另一个开源 GBDT 框架。CatBoost 中的 cat 表示 category，它的特点是能够比较好地处理数据中的类别型特征，从而带来效果上的提升。

相比 XGBoost 和 LightGBM，CatBoost 的创新点如下。

☑　对类别型变量进行目标编码。

☑　构造类别型变量的组合特征（同时也进行了目标编码）。

☑　采用完全对称树作为基模型。

```
train_pool = Pool(X_train, label=y_train, cat_features=cat_features)
valid_pool = Pool(X_valid, label=y_valid, cat_features=cat_features)

cat1 = CatBoostRegressor(iterations=1000,
                    loss_function='RMSE',
                    eval_metric='RMSE',
                    metric_period=50,
                    max_depth=3,
                    early_stopping_rounds = 20
                    )
cat1.fit(train_pool, eval_set=valid_pool)
```

```
cat_preds = cat1.predict(X_test)
cat_rmse = mean_squared_error(y_test, cat_preds, squared=False)
```

2. 神经网络模型

目前在结构化数据的机器学习竞赛中，GBDT 系列的模型依然处于主导地位，在大多数场景下，神经网络模型很难与之媲美。造成这种情况的原因可能有两点：一是神经网络模型擅长表征学习，它的优势在于能从非结构化的数据中提取特征，而结构化数据已经被表示为特征（如花瓣的长度、宽度等），在这些特征上继续使用神经网络模型不会有明显的优势。二是大多数结构化竞赛的数据量较小，神经网络模型参数较多，需要大量的数据才能拟合得比较好。

尽管如此，在一些竞赛中，神经网络模型仍能获得很好的表现，有时神经网络模型可以获得接近甚至超过 GBDT 系列模型的效果。同时，神经网络模型也可以作为集成学习中一个非常重要的基模型。

对结构化数据建立神经网络模型主要有两种方式：一是使用深度学习开源框架（如 TensorFlow、Keras、PyTorch 等）进行搭建，可以自行设计网络结构或者参考一些经典的网络结构（如 Wide & Deep）；二是使用封装好的神经网络模型包，如 TabNet（https://github.com/dreamquark-ai/tabnet）、TabPFN（https://github.com/automl/TabPFN）等。这里以 TabNet 为例，展示如何对结构化数据建模，代码如下。

```
clf = TabNetClassifier()
clf.fit(
  X_train, y_train,
  eval_set=[(X_valid, y_valid)]
)

tabnet_preds = clf.predict(X_test)
tabnet_auc = roc_auc_score(y_test, tabnet_preds)
```

3. 其他模型

机器学习还有其他很多模型，相比 GBDT 系列和神经网路模型，它们的拟合能力相对弱一些，通常不单独使用。但当需要进行集成学习时，可以考虑使用它们来增加模型多样性（增加模型多样性有利于集成学习）。常见的其他模型包括线性模型、支持向量机、随机森林等，可以通过 Scikit-learn（https://scikit-learn.org/stable/index.html）实现调用。

4. 结构化数据常用模型关键参数

结构化数据常用模型的关键参数如表 2.6 所示。

表 2.6　结构化数据常用模型的关键参数

模　　型	关 键 参 数
Logistic Regression（逻辑回归）	C：正则化强度的倒数。必须为正浮点数。数组越小，表示正则化强度越高
SVM（支持向量机）	C：参考 LogisticRegression 模型中的 C kernel：用于指定算法的核函数。包括 linear、poly、rbf、sigmoid、precomputed 几种类型 degree：当核函数为多项式核函数（poly）时，用于指定多项式的阶数。一般设置为 2～5。数值越大，模型的拟合能力越强，越容易过拟合 gamma：当核函数为 poly、rbf、sigmoid 时，该参数可用。gamma 可设置为 scale、auto 或者浮点数。当设置为 scale、auto 时，采用默认的方式计算该数值；当设置为浮点数时，数值越大，模型的拟合能力越强，越容易过拟合
Random Forest（随机森林）	n_estimators：决策树的数量。一般设置为 10～2000 的正整数。由于随机森林模型不容易过拟合，该数值越大，模型效果越好，但需要考虑数据量情况以及计算资源 max_depth：决策树的最大树深度。一般设置为 1～10 的正整数。数值越大，模型越复杂，拟合能力越强，也越容易过拟合 min_samples_split：拆分结点所需的最小样本数。一般设置为 1～300 的正整数。数值越大，越能防止过拟合 min_samples_leaf：叶子结点所需的最少样本数。一般设置为 0～300 的正整数。数值越大，模型更加平滑，越能防止过拟合 bootstrap：是否采用自助抽样法构建决策树，如果为 False，则使用全体数据集构建每棵决策树
LightGBM	num_iterations：boosting 的迭代次数。一般根据样本量和特征数选择 10～10000。迭代次数越大，拟合效果越强，也越容易过拟合。建议设置一个较大的迭代次数，并配合早停（early stop）让模型自动选择合适的迭代次数 learning_rate：学习率，一般设置为 0.01～1.0。学习率越大，模型更新越快，但也越容易发散，影响模型收敛；学习率越小，模型更新越慢，但更容易获得稳定的模型性能 feature_fraction：模型每次迭代过程中，随机选取部分特征进行拟合，该参数表示选取特征数量占全体特征的比例，限制在 0～1。较小的比例可以加速训练并防止过拟合，较大的比例，则拟合能力较强 num_leaves：一棵树上的叶子结点数。一般设置为 $2 \sim 2^{max\_depth}$。由于 LightGBM 使用的是 leaf-wise 算法，采用的是 num_leaves 而非 max_depth，大致换算关系为 $num\_leaves=2^{max\_depth}$，但它的设置应该略小于 2^{max_depth}。num_leaves 越大，拟合能力越强，但也越容易过拟合 subsample：每次迭代中，在不进行重采样的情况下，随机选择部分数据进行拟合，该参数表示选取数据占全体样本的比例，限制在 0～1。较小的比例可以加速训练并防止过拟合，较大的比例，则拟合能力较强 reg_alpha：L1 正则系数，一般设置为 0～100 的浮点数。数值越大，越能防止过拟合

续表

模　　型	关 键 参 数
LightGBM	reg_lambda：L2 正则系数，一般设置为 0～100 的浮点数。数值越大，越能防止过拟合 min_data_in_leaf：一个叶子上数据的最小数量，一般设置为 0～300 的正整数。数值越大，越能防止过拟合
XGBoost	n_estimators：参考 LightGBM 的 num_iterations learning_rate：参考 LightGBM 的 learning_rate min_child_weight：叶子结点最小的样本权重和。如果分裂过程导致叶子结点的样本权重和小于 min_child_weight，则停止分裂。一般设置为 1～10 的正整数。数值越大，越能防止过拟合 max_depth：最大树深度，一般设置为 1～10 的正整数。数值越大，模型越复杂，拟合能力越强，但也越容易过拟合 subsample：参考 LightGBM 的 subsample colsample_bytree：在构建每棵树时对特征采样的比例，限制在 0～1。较小的比例可以加速训练并防止过拟合，较大的比例，则拟合能力较强 colsample_bylevel：每次构造决策树新的一层时对特征采样的比例，限制在 0～1。较小的比例可以加速训练并防止过拟合，较大的比例，则拟合能力较强 reg_lambda：参考 LightGBM 的 reg_lambda reg_alpha：参考 LightGBM 的 reg_alpha gamma：结点继续分裂所需的最小损失减少，一般设置为 1e-9～0.5。数值越大，模型越不容易过拟合 scale_pos_weight：表示正样本的权重，用于控制正负样本的权重。当样本不平衡的时候很有用。根据数据的正负样本比例来设置，一个典型的可以考虑的值设置为负例总数/正例总数
CatBoost	iterations：boosting 的迭代次数，设置可以参考 LightGBM 的 num_iterations depth：树的深度，一般设置为 1～10 的正整数。数值越大，模型越复杂，拟合能力越强，但也越容易过拟合 learning_rate：参考 LightGBM 的 learning_rate random_strength：树模型进行分裂时，会对每一个可能的分裂进行打分（如这个分裂可以在多大程度上降低训练集上的损失函数），然后对所有得分进行排序，并选择得分最高的分裂方式。算法将一个服从正态分布的零均值随机变量添加到得分中。该参数表示这个随机变量对应方差的乘法系数。一般设置为 1e-9～10.0 的浮点数。数值越大，对抗过拟合的效果越好，但同时也降低了模型的拟合能力 border_count：连续型变量的分桶数，限制在 1～65535，一般设置为 1～255 的正整数。数值越大，对连续型变量的拟合能力越强 l2_leaf_reg：L2 正则系数，一般设置为 2～30 的正整数。数值越大，越能防止过拟合 scale_pos_weight：参考 XGBoost 的 scale_pos_weight

2.5.2　模型超参数优化

在创建机器学习模型的过程中，需要定义一些模型架构的超参数以确定模型的架构，通常情况下，我们无法立即知道最佳的模型架构，因此需要对这些超参数进行探索，期望获得准确率高、泛化性能好的模型架构。这里列举几种表数据中常用的超参数优化搜索方法。

1. 网格搜索

网格搜索（grid search）将搜索空间定义为超参数值的网格，然后遍历评估网格中的每个位置。

```
parameters = {
    'max_depth': [2,3,4,5,6],
    'min_samples_split': [2,3],
    'min_samples_leaf': [2,3],
    'min_weight_fraction_leaf': [0, 0.1, 0.2]
}

clf = GridSearchCV(
    RandomForestClassifier(random_state=42),
    parameters, refit=True, verbose=1,
)
clf.fit(x_train, y_train)

# 打印最优参数
print(clf.best_params_)

# 使用最优参数评估测试集
print(clf.best_estimator_.score(x_test, y_test))
```

2. 随机搜索

随机搜索（random search）将搜索空间定义为超参数值的有界域，并在该域中随机采样进行搜索。随机搜索可以更广泛地探索超参数空间。如图 2.14 所示，横轴的超参数重要性比纵轴的超参数重要性高，采用网格搜索在横轴上只能搜索 3 个不同的超参数，而随机搜索的方法在横轴上探索了 9 个不同的点。

```
parameters = {
    'max_depth': [2,3,4,5,6],
    'min_samples_split': [2,3],
```

```
    'min_samples_leaf': [2,3],
    'min_weight_fraction_leaf': uniform(loc=0.1, scale=0.3)
}

clf = RandomizedSearchCV(
    RandomForestClassifier(random_state=42),
    parameters, refit=True, verbose=1, n_iter=10,
)

clf.fit(x_train, y_train)

# 打印最优参数
print(clf.best_params_)

# 使用最优参数评估测试集
print(clf.best_estimator_.score(x_test, y_test))
```

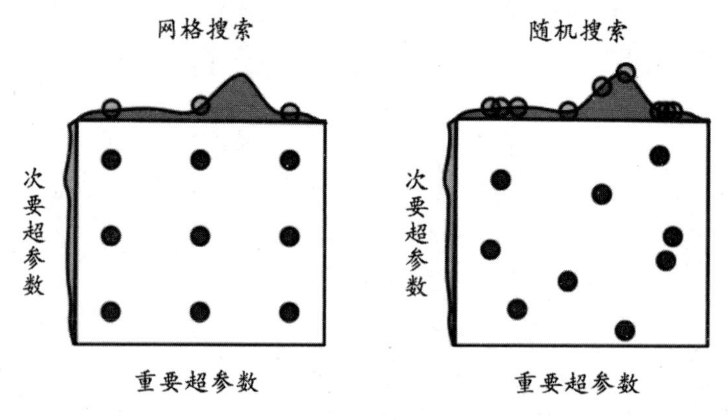

图 2.14　网格搜索和随机搜索

3. 减半搜索

减半搜索（halving search）采用逐次减半（successive halving）的策略对超参数进行搜索。在开始迭代时，使用少量数据对所有的候选超参数组合进行评估。下一轮迭代中，只选择全体候选超参数组合中表现较好的一半，它们将获得更多的数据进行评估。随着每次迭代的通过，优秀的候选参数组合将获得越来越多的数据。减半搜索的策略可以和网格搜索或随机搜索进行组合。

1）减半网格搜索

减半网格搜索（halving grid search）是减半搜索和网格搜索的组合，示例代码如下。

```
parameters = {
```

```
    'max_depth': [2,3,4,5,6],
    'min_samples_split': [2,3],
    'min_samples_leaf': [2,3],
    'min_weight_fraction_leaf': [0, 0.1, 0.2]
}

clf = HalvingGridSearchCV(
    RandomForestClassifier(random_state=42),
    parameters, refit=True, verbose=1,
)
clf.fit(x_train, y_train)

# 打印最优参数
print(clf.best_params_)

# 使用最优参数评估测试集
print(clf.best_estimator_.score(x_test, y_test))
```

2）减半随机搜索

减半随机搜索（halving random search）是减半搜索和随机搜索的组合，示例代码如下。

```
parameters = {
    'max_depth': [2,3,4,5,6],
    'min_samples_split': [2,3],
    'min_samples_leaf': [2,3],
    'min_weight_fraction_leaf': uniform(loc=0.1, scale=0.3)
}

clf = HalvingRandomSearchCV(
    RandomForestClassifier(random_state=42),
    parameters, refit=True, verbose=1
)

clf.fit(x_train, y_train)

# 打印最优参数
print(clf.best_params_)

# 使用最优参数评估测试集
print(clf.best_estimator_.score(x_test, y_test))
```

4. 贝叶斯优化

贝叶斯优化（Bayesian optimization）背后的关键思想是对代理函数（proxy function）

而非真实的目标函数进行优化。创建一个典型的贝叶斯优化伪代码的步骤如下。

（1）定义目标函数 $y=f(x)$。其中，x 表示模型的超参数，y 表示对应超参数在验证集上的得分；

（2）获得冷启动数据[X, Y]，假设为 20 条，$(x_1, y_1), (x_2, y_2), \ldots, (x_{20}, y_{20})$；

（3）使用高斯混合模型对数据进行拟合，GP.fit(X, Y)；

（4）随机生成 100 组参数：$\tilde{x}_1,\tilde{x}_2,\cdots,\tilde{x}_{100}$，使用高斯模型对这 100 组参数进行预测，获得预测值和标准差，对应为 $\tilde{y}_1,\tilde{y}_2,\cdots,\tilde{y}_{100}$ 和 $\widetilde{std}_1,\widetilde{std}_2,\cdots,\widetilde{std}_{100}$；

（5）生成的 100 组随机参数对应的得分 p 为 $\tilde{p}_i=\dfrac{\tilde{y}_i-y_{best}}{\widetilde{std}_i+\varepsilon}$，$i$ 从 1 到 100，获得最优的 p_i 对应的参数 $\tilde{x}_i$。其中，ε 表示一个很小的数字，y_{best} 表示当前已知的最优参数对应的最佳得分：$y_{best}=\max(y_1,y_2,\cdots,y_{20})$；

（6）使用 $\tilde{x}_i$ 进行训练，获得对应在验证集上的得分；

（7）使用（6）中新获得的样本更新[X, Y]，回到（3）重新训练，迭代（3）～（7）的操作。

2.5.3 线下验证

机器学习竞赛中，构建线下验证集的目的如下。

（1）提高效率。大多数的机器学习竞赛限制提交的次数，建模过程中需要频繁地修改算法的配置参数等，如果仅靠线上提交获得反馈，则效率很低。

（2）通过合理的验证集来引导建模的方向，如数据预处理、特征工程、模型参数等。

构建合理的线下验证集的指导思想是，令训练集和测试集的关系与线下训练集和线下验证集的关系一致。根据训练集和测试集是否有时间先后关系，可以将线下验证集的切分方式分成非时序和时序两类。

1．非时序

1）KFold

KFold 是一种常用的线下验证方式。如图 2.15 所示，它将训练集随机分成大致相同的 k 份，每次使用$(k-1)$份进行训练，对剩下的 1 份进行验证，迭代 k 次，将 k 次的验证结果平均值作为线下验证结果。

```
sub = test[['id']]
sub[target] = 0
AUCs = []
```

```
n_fold = 5
folds = KFold(n_splits = n_fold)

for train_index, valid_index in folds.split(train[used_features]):

    trn_x, trn_y = train[used_features].iloc[train_index],
train[target].iloc[train_index]
    val_x, val_y = train[used_features].iloc[valid_index],
train[target].iloc[valid_index]

    model = LogisticRegression()
    model.fit(trn_x, trn_y)

    val_pred = model.predict(val_x)

    pred = model.predict(test[used_features])
    sub[target] = sub[target] + pred / n_fold

    auc_score = roc_auc_score(val_y, val_pred)
    AUCs.append(auc_score)

print(f'mean auc: {np.mean(AUCs)}')
```

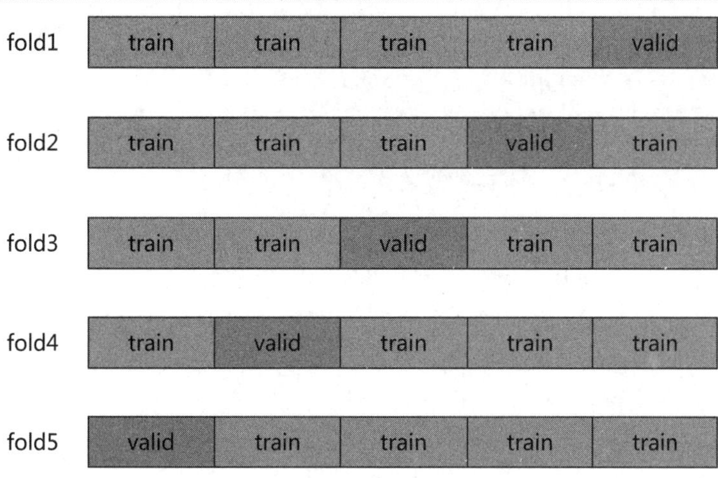

图 2.15　KFlod 构造线下验证集

2）StratifiedKFold

StratifiedKFold 在 KFold 的基础上，进行了分层抽样（stratified sampling），控制每个分组中各个类别数据的比例相对一致。因此在标签类别分布不平衡的场景中，使用

StratifiedKFold 可能会获得比 KFold 更好的线下验证效果。

```
sub = test[['id']]
sub[target] = 0
AUCs = []

n_fold = 5
skf = StratifiedKFold(n_splits = n_fold)

for train_index, valid_index in skf.split(train[used_features],
train[target]):

    trn_x, trn_y = train[used_features].iloc[train_index], train[target].
iloc[train_index]
    val_x, val_y = train[used_features].iloc[valid_index], train[target].
iloc[valid_index]

    model = LogisticRegression()
    model.fit(trn_x, trn_y)

    val_pred = model.predict(val_x)

    pred = model.predict(test[used_features])
    sub[target] = sub[target] + pred / n_fold

    auc_score = roc_auc_score(val_y, val_pred)
    AUCs.append(auc_score)

print(f'mean auc: {np.mean(AUCs)}')
```

3）GroupKFold

GroupKFold 在 KFold 的基础上，可以控制同一个组中的数据被划分到同一个组中。例如，数据中包含多个用户的数据，每个用户有多条样本，希望交叉验证时以用户进行分组，即同一个用户的所有样本分到同一个组中，此时可以使用 GroupKFold 方法。

```
sub = test[['id']]
sub[target] = 0
AUCs = []

n_fold = 5
group_kfold = GroupKFold(n_splits = n_fold)

for train_index, valid_index in group_kfold.split(train[used_features],
```

```
train[target], train['user_id']):

    trn_x, trn_y = train[used_features].iloc[train_index], train[target].
iloc[train_index]
    val_x, val_y = train[used_features].iloc[valid_index], train[target].
iloc[valid_index]

    model = LogisticRegression()
    model.fit(trn_x, trn_y)

    val_pred = model.predict(val_x)

    pred = model.predict(test[used_features])
    sub[target] = sub[target] + pred / n_fold

    auc_score = roc_auc_score(val_y, val_pred)
    AUCs.append(auc_score)

print(f'mean auc: {np.mean(AUCs)}')
```

2. 时序

时序场景是指训练集的数据采集时间要早于测试集的数据采集时间。例如，训练集是2022 年 1 月～2023 年 11 月每天的销量数据，需要预测测试集中 2023 年 12 月每天的销量就是一个典型的时序场景。

在时序场景下，为了保证模型在测试集上的泛化能力，需要进行合理的线下验证。下面介绍两种时序数据线下验证策略。

1）时序数据线下验证策略一

第一种策略是选取训练集的最后一段时间作为线下验证集，这是一种比较容易的切分线下验证集的方式，由于训练集的最后一段时间是最接近测试集的数据，多数情况下，这段数据和测试集的相似度也较高。在上面的销量预测例子中，可以以 2023 年 11 月的数据作为线下验证集，如图 2.16 所示。

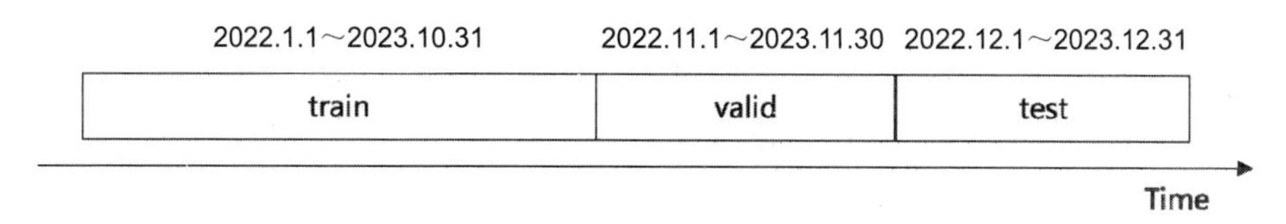

图 2.16　第一种时序数据验证集构造方式

```
local_train = train.loc[(train['date'] >= '2022-01-01') & (train['date']
<= '2023-10-31')]
```

```
local_valid = train.loc[(train['date'] >= '2023-11-01') & (train['date']
<= '2023-11-30')]
```

2）时序数据线下验证策略二

第二种时序数据线下验证集的构造方式是选取和测试集分布相对一致的一段时期作为线下验证集。当数据具有周期性时，选取训练集的最后一段时间作为线下验证集，可能出现线下验证集和测试集的分布不太一致的情况，导致线下验证集不太合理。此时可以选择和测试集分布较为一致的一段时期作为线下验证集。例如，在上述销量预测的案例中，如果数据以一年为周期具有相似的趋势时，可以尝试以上一年的 12 月份作为线下验证集，此时线下训练集为 2022 年 1 月～2022 年 11 月的数据，如图 2.17 所示。

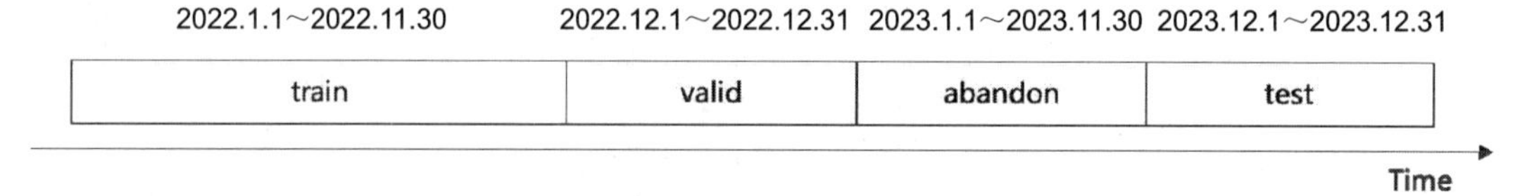

图 2.17　第二种时序数据验证集构造方式

```
local_train = train.loc[(train['date'] >= '2022-01-01') & (train['date']
<= '2022-11-31')]
local_valid = train.loc[(train['date'] >= '2022-12-01') & (train['date']
<= '2022-12-31')]
```

3. 判断构造的线下验证集是否合理

可以通过线下验证集和测试集上的评价指标判断构造的线下验证集是否合理，如果多次结果中两者的差值变化不大，那么可以认为线下验证集的构造是比较合理的。如果两者的差值有一定变化，但趋势（多次结果评价指标的相对顺序）是一致的，那么可以认为线下验证集的构造是基本合理的。

2.6 集 成 学 习

集成学习通过将多个单模型结合，得到最终的预测模型。集成学习通常能获得比单模型更好的效果，在数据挖掘竞赛中，排名靠前的方案几乎都采用了集成学习的技术。

2.6.1 投票法

投票法是指根据少数服从多数的原则，选择投票最多的类别作为最终的预测结果。投票法适用于分类问题。

```
df['vote'] = df[['model_1', 'model_2', 'model_3']].mode(axis = 1)
```

2.6.2　平均法

平均法是指将多个单模型的预测结果取平均，适用于回归问题。平均法包含最基础的算术平均和一些变种（包括几何平均、调和平均、log 变换平均和 *n* 次方平均）。

1. 算术平均

算术平均是多个单模型预测结果之和除以单模型的数量得到的商，代码如下。

```
df['arithmetic_mean'] = df[['model_1', 'model_2', 'model_3']].mean(axis = 1)
```

2. 几何平均

几何平均是 *n* 个单模型预测结果的连乘积的 *n* 次方根，代码如下。

```
df['geometric_mean'] = stats.gmean(df[['model_1', 'model_2', 'model_3']],
axis=1)
```

3. 调和平均

调和平均计算所有单模型预测结果倒数的算术平均后，再取倒数，代码如下。

```
df['harmonic_mean'] = stats.hmean(df[['model_1', 'model_2', 'model_3']],
axis=1)
```

4. log 变换平均

log 变换平均是指对所有单模型预测结果进行 log 变换后求算数平均数，再取 exp 获得 log 变换平均，代码如下。

```
def log_mean(preds):
    return np.exp(np.mean([np.log(pred) for pred in preds]))
df['log_mean'] = df[['model_1', 'model_2', 'model_3']].apply(lambda x:
log_mean(x), axis=1)
```

5. *n* 次方平均

n 次方平均是指计算所有单模型预测结果 *n* 次方的算数平均数后，再求 *n* 次方根，获得 *n* 次方平均，代码如下。

```
def npower_mean(preds, n):
    return np.power(np.mean([np.power(pred, n) for pred in preds]), 1/n)
df['3power_mean'] = df[['model_1', 'model_2', 'model_3']].apply(lambda x:
npower_mean(x, 3), axis=1)
```

2.6.3 加权平均法

加权平均法对所有单模型一视同仁，但在实际中，通常对不同的模型赋予不同的权重。在使用加权平均法时，需要考虑如何对不同的模型赋予合理的权重，常用的方法包括基于排名赋予权重、基于相关性赋予权重和基于线下验证的权重调整几种。需要说明的是，加权平均法可以结合前述平均法中的任意方法来进行，这里以算术平均为例。

1. 基于排名赋予权重

一个直观的想法是，根据各个单模型在排行榜上的得分排序赋予不同的权重，排名越高的单模型赋予更高的权重。例如，可以按照模型得分排序构建一个递减的等差数列，然后进行归一化，以此作为模型的权重，代码如下。

```
rank = ['model_2', 'model_3', 'model_1']
w = np.array(range(3, 0, -1))
w = w / sum(w)
df['rank_weighted'] = df[rank].dot(w)
```

2. 基于相关性赋予权重

不同模型预测结果的相关性是不一样的，相关性高表示两种模型的预测结果相近。为了综合考虑各种模型，增加集成模型的多样性，需要对更不相关的模型赋予更高的权重。基于相关性赋予权重的思路如下。

（1）利用单模型的预测结果计算相似度矩阵；

（2）将相似度矩阵对角线上的元素置 0；

（3）将（2）的结果按行取均值转为向量；

（4）将（3）的结果取倒数；

（5）将（4）的结果进行归一化，令和为 1，获得的结果就是各个单模型的权重。

```
def corr_weight(df):
    corr_matrix = np.array(df.corr())   # 计算输入 DataFrame 的相关性矩阵
    np.fill_diagonal(corr_matrix, 0.0)  # 将对角线上的元素设为 0（因为它们是每个
变量自身的相关性，值为 1）
```

```
    w = np.mean(corr_matrix, axis = 1)  # 计算每一行的平均值,即每个特征与其他特征的平均相关性
    w = 1 / w         # 取倒数，因为我们期望那些与其他特征相关性低的特征权重更高
    w = w / sum(w)    # 归一化权重，使得所有权重之和为 1
    return df.dot(w) # 对每个特征按权重进行加权平均

df['corr_weighted'] = corr_weight(df[['model_1', 'model_2', 'model_3']])
# 计算'corr_weighted'特征
```

3. 基于线下验证的权重调整

另一种比较合理的方法是，根据线下验证集的评价指标调整各个单模型的权重，它可以缓解融合模型过拟合。采样五折交叉验证获得最佳权重的示例代码如下。

```
kf = KFold(n_splits=5, shuffle=True, random_state=0)   # 初始化五折交叉验证
best_p1, best_p2, best_p3 = None, None, None           # 初始化最佳参数值
best_auc = 0.5                                         # 初始化最佳 AUC 评分

# 使用两层循环来遍历 p1 和 p2 的所有可能取值，取值是[0, 1]，步长为 0.1
for p1 in range(0, 11):
    p1 = p1 / 10                          # 将 p1 转换到[0, 1]
    for p2 in range(0, 11):
        p2 = p2 / 10                      # 将 p2 转换到[0, 1]
        p3 = 1 - p1 - p2                  # 计算 p3 的值，使得 p1 + p2 + p3 = 1
        if p3 < 0:                        # 如果 p3 小于 0，则跳出内部循环
            break
        AUCs = []                         # 创建一个空列表用于保存每折的 AUC 评分
        # 遍历每折数据
        for train_index, valid_index in kf.split(X):
            # 拟合三个模型
            model_1.fit(X[train_index, :], y[train_index])
            model_2.fit(X[train_index, :], y[train_index])
            model_3.fit(X[train_index, :], y[train_index])
            # 根据模型预测的概率和参数 p1、p2、p3 计算预测值
            y_pred = model_1.predict_proba(X[valid_index, :])[:, 1] * p1 + model_2.predict_proba(X[valid_index, :])[:, 1] * p2 + model_3.predict_proba(X[valid_index, :])[:, 1] * p3
            # 计算 AUC 评分
            auc_ = roc_auc_score(y[valid_index], y_pred)
            AUCs.append(auc_)            # 保存 AUC 评分
        # 如果当前的平均 AUC 评分大于最佳 AUC 评分，那么更新最佳参数和最佳 AUC 评分
        if np.mean(AUCs) > best_auc:
```

```
best_p1, best_p2, best_p3 = p1, p2, p3
best_auc = np.mean(AUCs)
```

2.6.4 Stacking

Stacking（堆叠）是一个很强大的模型集成技术，它的整体架构如图 2.18 所示。Stacking 包含两层模型，其中第一层模型称为基础层模型，它的作用是用于生成 meta 特征，基础层模型的输入是完整的训练集，输出是 meta 特征；第二层模型称为元模型，它的作用是生成最终的预测结果，元模型的输入是第一层输出的 meta 特征，输出是最终的预测结果。

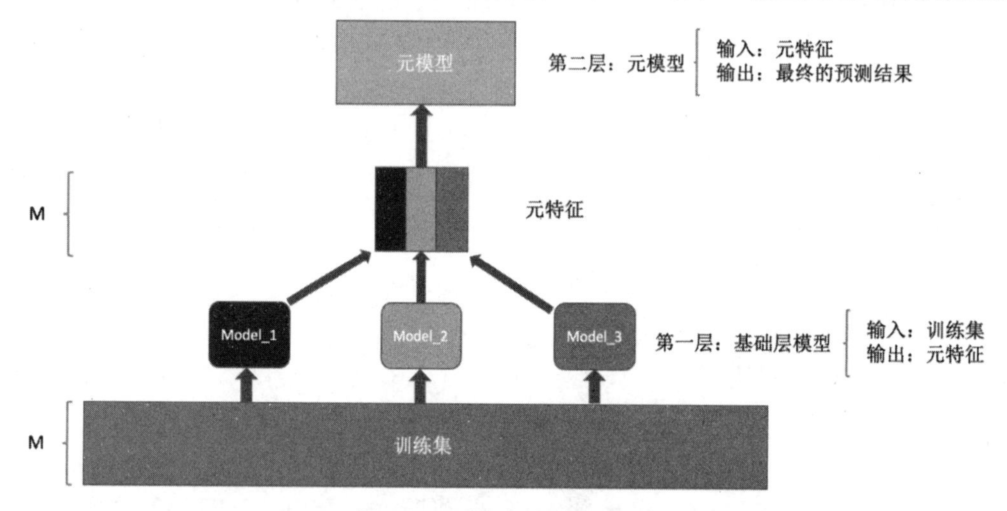

图 2.18　Stacking 的整体架构

基础层模型通过交叉验证的方法生成 meta 特征，其原理如图 2.19 所示。假设有一个基础层模型 model_1，以五折交叉为例。每次使用其中四折进行训练，对剩下的一折以及测试集进行预测，重复五次获得所有训练集上的预测结果，拼接后为该基础层模型在训练集上的 meta 特征，而测试集的 meta 特征为五次预测结果的平均值。可以构造 N 个基础层模型，这样就能获得 N 个 meta 特征。一般希望基础层模型的差异性尽可能大，当基础层模型显著不同时，Stacking 的最终效果更好。构造基础层模型差异性的方法包括使用不同类型的模型（包括线性模型、树模型、神经网络模型等）、模型超参数、特征等。

元模型基于基础层模型获得的 meta 特征以及对应的训练集的真实标签进一步训练，对测试集的 meta 特征进行预测，获得最终预测结果。通常元模型采用相对比较简单的模型，如线性模型。

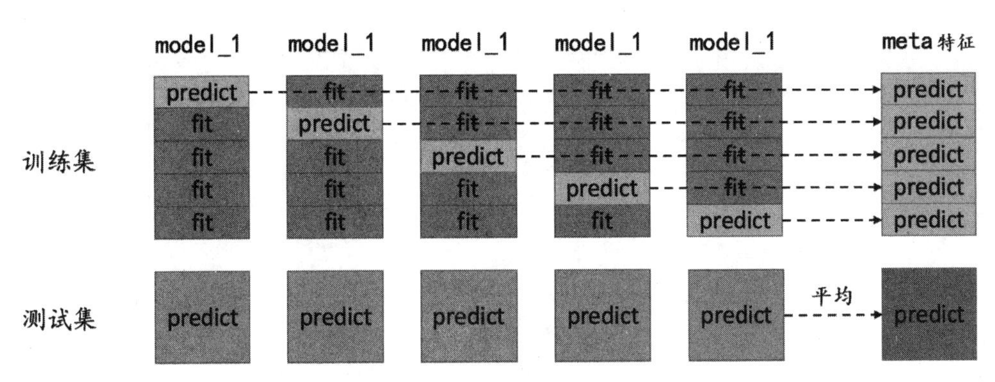

图 2.19　Stacking 基础层模型生成 meta 特征

Stacking 的代码示例如下。

```
# 初始化三个基础层模型
model_1 = RandomForestClassifier(n_estimators=10, random_state=42) # 随机森林分类器
model_2 = LinearSVC(random_state=42)          # 线性支持向量机分类器
model_3 = GradientBoostingClassifier(random_state=42) # 梯度提升分类器

# 将基础层模型组合成一个列表
estimators = [('model_1', model_1), ('model_2', model_2), ('model_3', model_3)]

# 初始化堆叠分类器
stacking_clf = StackingClassifier(
    estimators=estimators,                    # 基础层模型
    final_estimator=LogisticRegression()      # 元模型
)

# 使用训练数据拟合堆叠分类器
stacking_clf.fit(X_train, y_train)
# 对测试数据进行预测
stacking_pred = stacking_clf.predict(X_test)
```

2.6.5　Blending

和图 2.18 中 Stacking 的架构一致，Blending 的整体架构也是一个两层的结构，如图 2.20 所示。

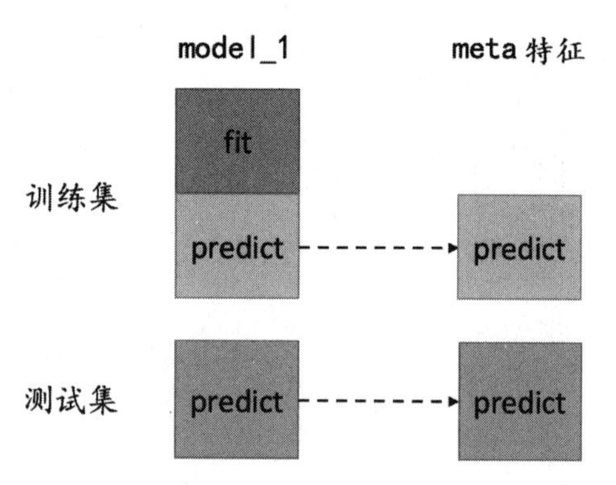

图 2.20 Blending 基础层模型生成 meta 特征

第一层为 meta 特征构造模块。Blending 没有采用 Stacking 中交叉训练的方式，而是将原始训练集拆成两部分，使用其中一份对基础层模型进行训练，对另外一份以及测试集进行预测，获得的预测结果即为第一层的 meta 特征。使用多个基础层模型就可以获得多个 meta 特征。

第二层为 meta-learner 模块。使用第一层的 meta 特征，以及对应数据的真实标签进行训练，对测试集的 meta 特征进行预测。

Blending 的代码示例如下。

```
# 准备数据
X, y = make_classification(n_samples=2000)      # 创造一个用于分类的数据集
X_train_valid, X_test, y_train_valid, y_test = train_test_split(X, y,
test_size=0.2, random_state=42)  # 将数据分为训练+验证集和测试集
X_train, X_valid, y_train, y_valid = train_test_split(X_train_valid,
y_train_valid, test_size=0.5, random_state=42) # 再将训练+验证集分为训练集和
验证集

# 定义基础层模型
model_1 = RandomForestClassifier(n_estimators=10, random_state=42)  # 随
机森林分类器
model_2 = LinearSVC(random_state=42)                 # 线性支持向量机分类器
model_3 = GradientBoostingClassifier(random_state=42)  # 梯度提升分类器

# Blending 的第一层
models = [model_1, model_2, model_3]                 # 将基础层模型组合成一个列表

meta_train = np.zeros((len(X_valid), len(models))) # 创建一个空的矩阵，用于
存储基础层模型在验证集上的预测结果
```

```
meta_test = np.zeros((len(X_test), len(models)))   # 创建一个空的矩阵,用于存储基础层模型在测试集上的预测结果

for i, model in enumerate(models):                  # 对于每个基础层模型
    model.fit(X_train, y_train)                     # 使用训练集训练模型
    meta_train[:, i] = model.predict(X_valid)  # 存储模型在验证集上的预测结果
    meta_test[:, i]  = model.predict(X_test)   # 存储模型在测试集上的预测结果

# Blending 的第二层
meta_learner = LogisticRegression()     # 定义元模型，这里使用逻辑回归
meta_learner.fit(meta_train, y_valid)   # 使用基础层模型在验证集上的预测结果作为输入，验证集的真实结果作为输出，训练元模型
blending_pred = meta_learner.predict(meta_test) # 使用元模型对测试集进行预测
```

第 3 章 结构化数据：实战篇

本章以 Home Credit Default Risk 赛题（见图 3.1，图片来源为赛题首页）为例，介绍结构化数据的赛题实战方案（赛题地址为 https://www.kaggle.com/competitions/home-credit-default-risk）。

图 3.1　Home Credit Default Risk 赛题

3.1 赛题概览

许多人由于信用记录不足或不存在，导致很难获得贷款。不幸的是，这些人经常被不可信的贷款人利用。Home Credit 希望扩大借贷的包容性。为了验证这些人的贷款是否正当合理，Home Credit 希望利用各种数据（包括电信和交易信息）预测客户的还款能力。具体来说，参赛选手需要综合各种信息预测每一笔贷款是否被延期还款，这是一个典型的二分类问题。

赛题数据一共包含 8 张表。主表中每条样本表示一笔贷款申请，其中训练集主表包含标签列，测试集主表没有标签列。除了主表，还有客户在其他金融平台的贷款和偿还情况，以及客户在 Home Credit 的历史贷款和偿还情况。各张表的介绍和表之间的关系如图 3.2 所示①。

① 图片来源为赛题数据详情页，https://www.kaggle.com/competitions/home-credit-default-risk/data。

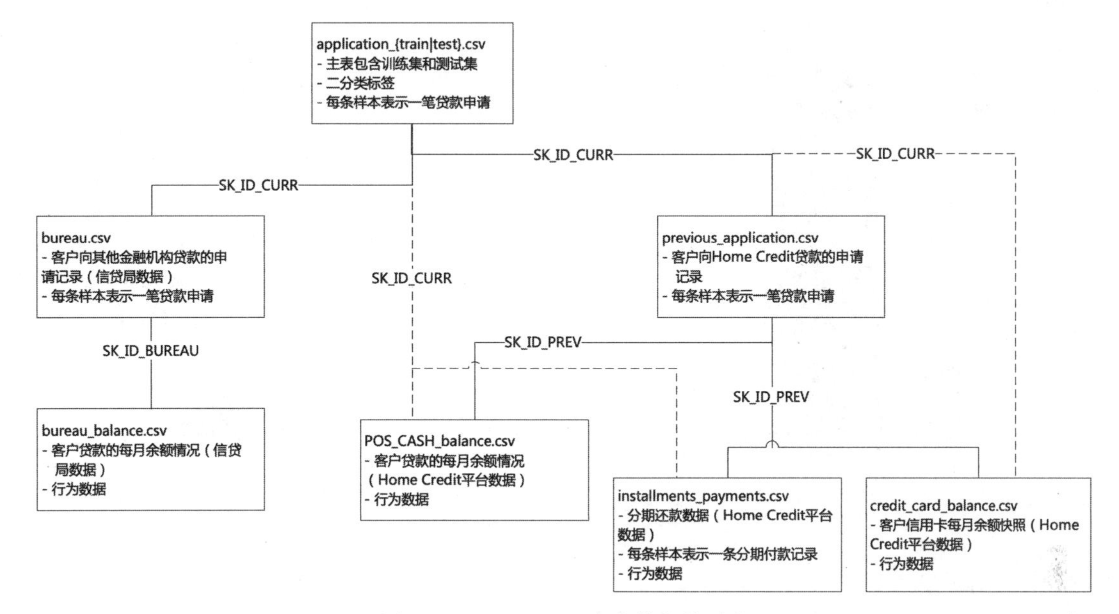

图 3.2　Home Credit 竞赛数据关系表

本赛题评价指标为 AUC（area under curve，ROC 曲线下与坐标轴围成的面积）。

3.2　数据探索

数据探索是一个开放式的过程，它可以帮助我们发现数据中的趋势、异常、模式以及关系等。这些发现可以指导后续的建模过程，包括如何进行数据预处理，构造哪些特征，以及选择合适的模型等。本节围绕标签分布情况、缺失值、异常值、相关性四个方面查看赛题的数据情况（参考资料见 https://www.kaggle.com/code/willkoehrsen/start-here-a-gentle-introduction#Exploratory-Data-Analysis）。

3.2.1　标签分布

本题是二分类问题，标签为 0 表示该笔贷款按时偿还，标签为 1 表示该笔贷款未按时偿还。图 3.3 表示训练集中标签的分布情况，其中按时偿还的样本数量为 282686 条，没有按时偿还的样本数量为 24825 条，两者之比超过了 10∶1，说明这是一个类别不平衡的数据集。

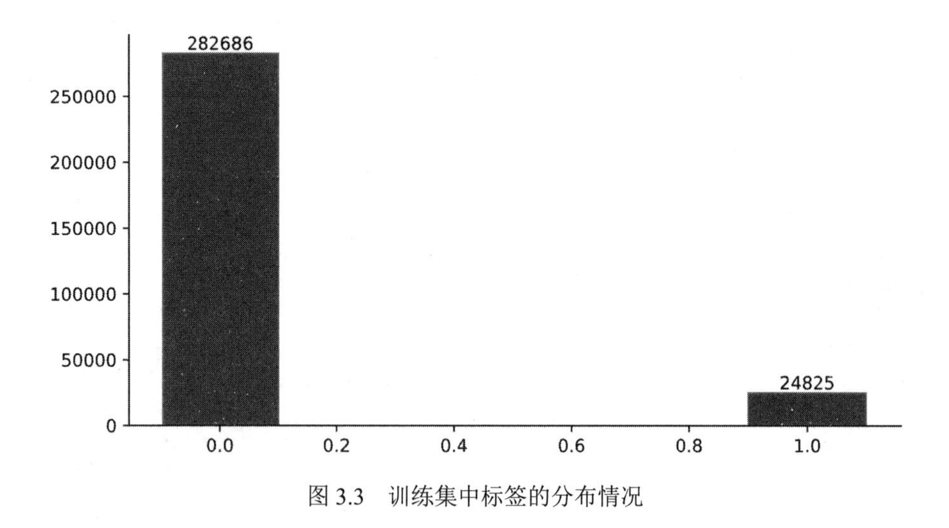

图 3.3　训练集中标签的分布情况

3.2.2　缺失值

通过以下的代码分析训练集主表的缺失情况。

```
def missing_values_table(df):
    mis_val = df.isnull().sum()  # 计算数据帧中每列的缺失值数量
    mis_val_percent = 100 * df.isnull().sum() / len(df)  # 计算数据帧中每列的缺失值百分比
    mis_val_table = pd.concat([mis_val, mis_val_percent], axis=1)  # 将这两个系列合并成一个新的数据帧
    mis_val_table_ren_columns = mis_val_table.rename(
        columns = {0 : 'Number of Missing Values', 1 : 'Percent of Total Values'})  # 重命名数据帧的列
    # 仅保留有缺失值的列，并按缺失值百分比降序排序
    mis_val_table_ren_columns = mis_val_table_ren_columns[
        mis_val_table_ren_columns.iloc[:,1] != 0].sort_values(
        'Percent of Total Values', ascending=False).round(1)
    print ("Your selected dataframe has " + str(df.shape[1]) + " columns.\n"
        "There are " + str(mis_val_table_ren_columns.shape[0]) +
          " columns that have missing values.")  # 打印摘要信息：数据帧的总列数和有缺失值的列数

    return mis_val_table_ren_columns  # 返回结果数据帧
```

```
missing_values = missing_values_table(train) # 对训练数据运行这个函数并保存结果
missing_values.head(5)                        # 打印结果数据帧的前五行
```

训练集主表中一共有 122 列，其中 67 列含有缺失值，缺失值比例最大的达到 69.9%。由于本方案中采用的是 LightGBM 和 XGBoost 模型，所以暂不需要对缺失值进行填充。

3.2.3　异常值

数据探索过程中，需要始终注意数据的异常值情况。异常值可能是由录入错误、测量误差或其他原因导致的。以下是数据中的一个异常值案例，检查主表中的 DAYS_EMPLOYED 列，它的含义是客户当前的工作年限（单位是天，计算方式为用当前工作的入职时间减申请贷款的时间，结果为负数），图 3.4 是 DAYS_EMPLOYED 数据列的数据分布情况。

```
train['DAYS_EMPLOYED'].describe()
```

```
count    307511.000000
mean      63815.045904
std      141275.766519
min      -17912.000000
25%       -2760.000000
50%       -1213.000000
75%        -289.000000
max      365243.000000
Name: DAYS_EMPLOYED, dtype: float64
```

图 3.4　DAYS_EMPLOYED 数据列的数据分布情况

从图 3.4 可以看到，最大值为 365243（约为 1000 年），这是明显不符合逻辑的数据。经过分析，发现这一列大于 0 的样本数均为 365243，且该列没有缺失，是因为对没有职业的客户赋予了该值——365243，我们将这些异常值替换为 NAN。

3.2.4　相关性

下列语句使用 corr 方法计算主表中每个变量和目标之间的皮尔逊相关系数。

```
correlations = train.corr()['TARGET']
```

画出相关性绝对值最大的五个特征和标签的热力图，如图 3.5 所示。相关性最大的三个特征是 EXT_SOURCE_3、EXT_SOURCE_2、EXT_SOURCE_1，它们表示来自外部数据源的三个信用评分，在后续 meta 特征的构造时也会用到它们。

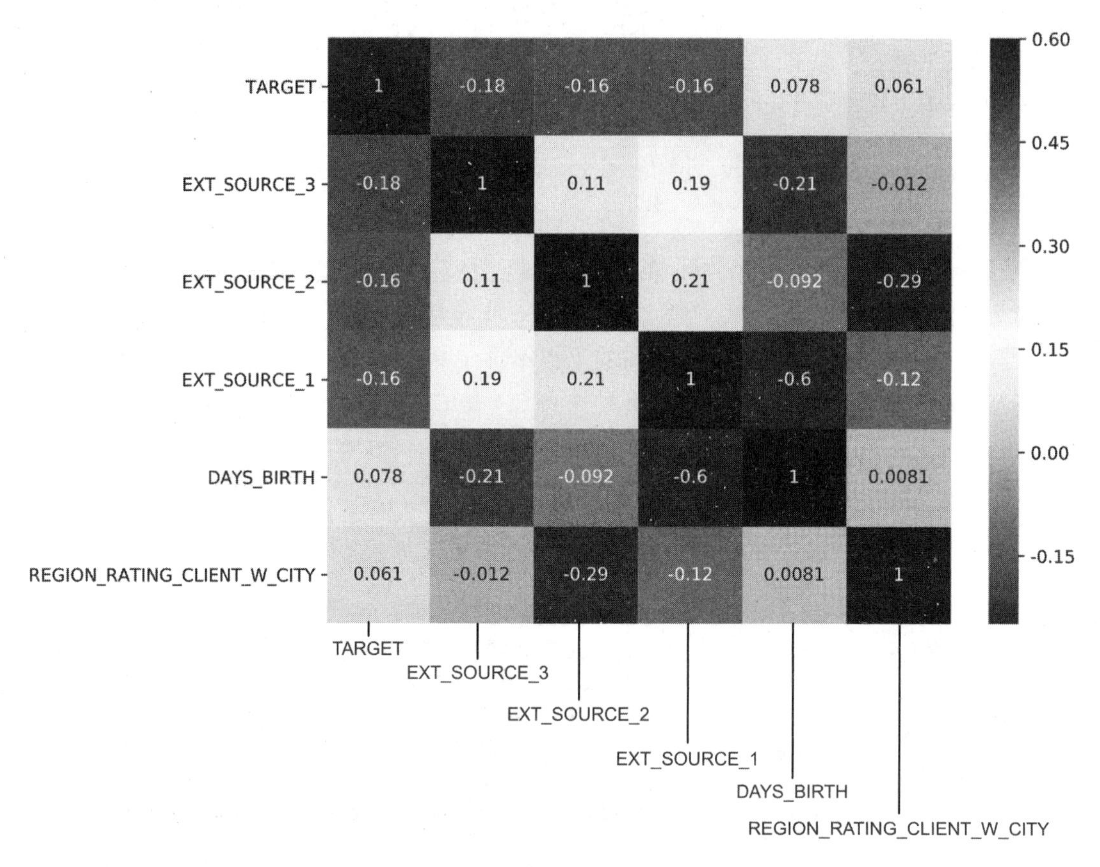

图 3.5　相关性热力图

3.3　优秀方案解读

整体的方案流程如图 3.6 所示，从原始数据出发，经过特征工程、模型、集成学习，获得最终的预测结果（本方案的参考链接为 https://github.com/NoxMoon/home-credit-default-risk）。

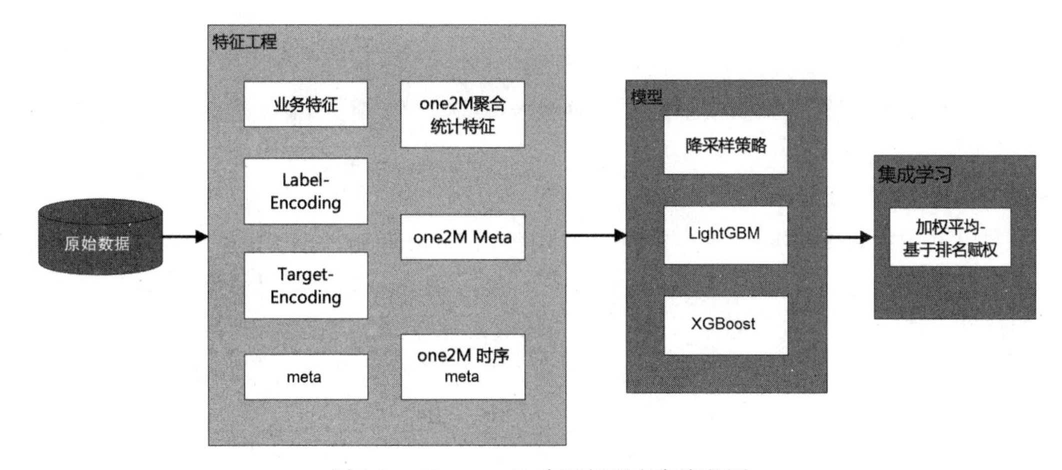

图 3.6　Homecredit 赛题解题方案流程图

3.3.1　特征工程

特征工程部分包含的模块如图 3.7 所示。

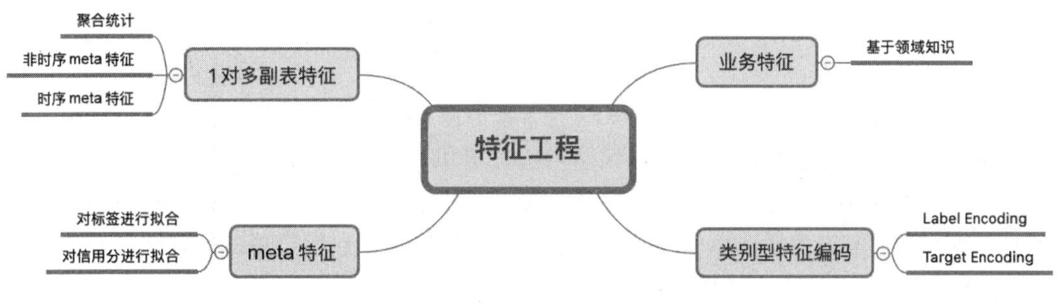

图 3.7　特征工程模块

1. 业务特征

基于对领域知识的理解构造一些有意义的业务特征，例如，每月应还金额和实际还款金额的差、客户上一次逾期还款的时间、刷卡金额占信用卡额度的比等。

2. 类别型特征编码

数据中包含较多的类别型特征。对于类别数较少的特征，使用 Label Encoding 进行编码，将类别型数据转换成数值型数据。对于类别数较多的特征，采用 Target Encoding 进行编码，将类别型变量转换为该类别下标签的平均值（训练集中的统计）。

3．meta 特征

这里的 meta 特征是指以模型的预测值作为特征，为了避免 meta 特征过拟合，采用五折交叉的方式。meta 特征的构造方法可以参考 2.6.4 节。在这个案例中，使用了下列三个方案生成 meta 特征。

（1）利用主表中和客户房屋相关的特征，使用 LinearRegression 模型对标签进行拟合。

（2）利用主表中和客户房屋相关的特征，使用 Ridge 模型，对用户的信用分（信用分的计算方式为 EXT_SOURCE_（1～3）的均值）进行拟合。

（3）利用主表中的二元特征（只有 0 和 1 两种变量），使用 LinearRegression 模型对标签进行拟合。

4．1 对多副表特征

在本赛题中，由于存在多张 1 对多的副表，所以不能直接将其合并到主表中。为了处理这些副表数据，采用了多种方法对这些副表进行特征抽取，并将提取后的特征合并到主表中。其中，采用了聚合统计、副表 meta 特征以及基于时序模型的副表 meta 特征三种方法。通过这些方法，可以更好地利用副表数据提高模型的预测效果（参考资料见 https://www.kaggle.com/competitions/home-credit-default-risk/discussion/64503）。

1）聚合统计

对于这些副表，关于 SK_ID_CURR 列（表示样本的唯一标识列）进行聚合分组，计算其他数值列的统计信息。统计信息包括均值、求和、最大值、最小值、中位数、方差、带权重的均值（对近期的数据赋予更大的权重）。除此之外，还通过设置一些条件选取副表的子集，再对子集数据计算聚合统计特征，子集筛选条件包括设置时间范围（如最近三年内的数据）、条件筛选（如历史被批准/驳回的申请样本）。

2）副表 meta 特征

1 对多副表 meta 特征是指将主表标签传递到副表中，在副表中训练模型并预测，最后对预测结果进行聚合统计并传回主表中。构造逻辑可以参考 2.3.6 节的“构造副表 meta 特征”部分。在这个案例中，分别对 previous_application 表（用户历史贷款申请记录表）和 bureau 表（用户向其他金融机构的贷款申请记录表）构造了这类特征。除此之外，还对 POS_CASH_balance 表（用户贷款每月余额快照表）关于 SK_ID_CURR 列（表示样本的唯一标识列）和月份进行聚合，计算其他列的聚合统计信息，以此构造一张新的 1 对多副表，再对这张副表生成副表 meta 特征。

3）基于时序模型的副表 meta 特征

1 对多副表时序 meta 特征是指当副表中的数据存在时序信息时，采用时序模型构造副表meta特征，它可以考虑样本的时间先后关系。构造逻辑可以参考2.3.6节的“使用时序模型构造副表meta特征”部分。在这个数据中，1对多的副表中大多包含样本的时间信息（如分期还款数据表中包含每条样本的还款时间）。本案例对以下4张副表分别使用GRU模型构造了时序 meta 特征：bureau 表（用户向其他金融机构的贷款申请记录表）、credit_card_balance表（信用卡每月余额快照表）、installments_payments表（分期还款记录表）、POS_CASH_balance表（用户贷款每月余额快照表）。

3.3.2 模型

1. 降采样策略

由于赛题的数据集是不平衡样本，训练集中正样本（标签为1）不足十分之一。使用这种不平衡的数据训练模型，效果并不理想，所以方案中对负样本进行了降采样，每次使用1/3的负样本和正样本合并后的数据进行训练，共执行3次，对3次结果取平均作为最终结果。核心代码逻辑如下。

```
# 获得少数类和多数类对应的值
minority = y.value_counts().sort_values().index.values[0]
majority = y.value_counts().sort_values().index.values[1]

# 将少数类和多数类的 X 和 Y 分开
X_min = X.loc[y==minority]
y_min = y.loc[y==minority]
X_maj = X.loc[y==majority]
y_maj = y.loc[y==majority]

kf = KFold(3, shuffle=True, random_state=42)
for rest, this in kf.split(y_maj):
    X_maj_sub = X_maj.iloc[this]
    y_maj_sub = y_maj.iloc[this]

    # 每次将全量的少数类和 1/3 的多数类进行合并
    X_sub = pd.concat([X_min, X_maj_sub])
    y_sub = pd.concat([y_min, y_maj_sub])
```

2. LightGBM

模型部分使用了性能和效率都较高的LightGBM。通过五折交叉的方式进行训练，将5次的预测结果取平均作为最终结果。其中的每一折都使用了降采样策略，并使用了3组不同的模型参数执行。

```
y = data['TARGET']
# 执行五折交叉
folds = StratifiedKFold(n_splits=5, shuffle=True, random_state=90210)
oof_preds = np.zeros(data.shape[0])
sub_preds = np.zeros(test.shape[0])
feature_importance_df = pd.DataFrame()

scores = []                                # 保存每一折的得分
for n_fold, (trn_idx, val_idx) in enumerate(folds.split(data,data
['TARGET'])):
    trn, val = data.iloc[trn_idx], data.iloc[val_idx]

    model = LGBMClassifier(
        n_estimators=5000,
        learning_rate=0.03,
        num_leaves=26,
        metric = 'auc',
        colsample_bytree=0.28,
        subsample=0.95,
        max_depth=4,
        reg_alpha=4.8299,
        reg_lambda=3.6335,
        min_split_gain=0.005,
        min_child_weight=40,
        silent=True,
        verbose=-1,
        n_jobs = 16,
        random_state = n_fold * 6666,
        class_weight = {0:1,1:1}
    )

    clf = bagging_classifier(model, 3)  # 执行降采样

    clf.fit(trn_x, trn_y,
            eval_set= [(val_x, val_y)],
            eval_metric='auc',
            verbose=200,
            early_stopping_rounds=100,
            categorical_feature = cat_feats,
           )

    oof_preds[val_idx] = clf.predict_proba(val_x)[:, 1]
    sub_preds += clf.predict_proba(test_x)[:, 1] / folds.n_splits

    fold_score = roc_auc_score(val_y, oof_preds[val_idx])
```

```
    scores.append(fold_score)
    print('Fold %2d AUC : %.6f' % (n_fold + 1, fold_score))

    fold_importance_df = pd.DataFrame()
    fold_importance_df["feature"] = features
    fold_importance_df["importance_gain"] = clf.feature_importances_gain_
    fold_importance_df["importance_split"] = clf.feature_importances_split_
    fold_importance_df["fold"] = n_fold + 1
    feature_importance_df = pd.concat([feature_importance_df,
fold_importance_df], axis=0)

print('Full AUC score %.6f +- %0.4f' % (roc_auc_score(y, oof_preds),
np.std(scores)))
```

3. 特征重要性

使用“2. LightGBM”中训练好的 LightGBM，可以获得模型的特征重要性，如图 3.8 所示。

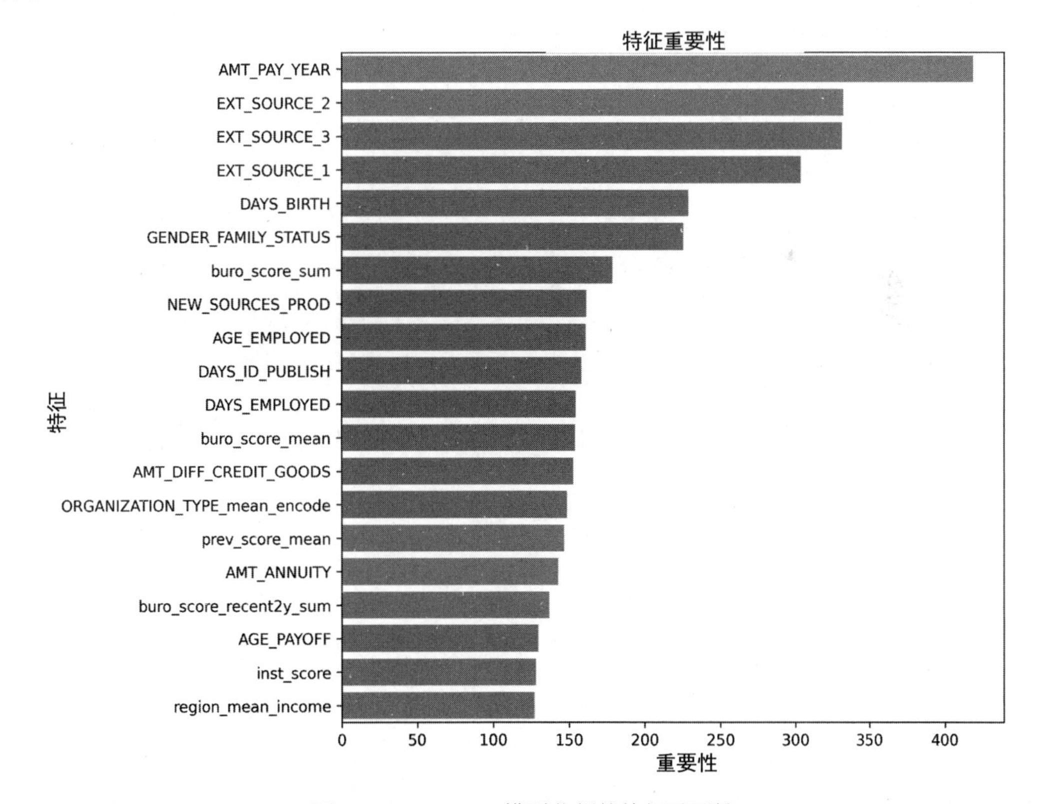

图 3.8　LightGBM 模型获得的特征重要性

可以看出，排名第一的特征 AMT_PAY_YEAR 是构造的业务特征，构造方式为贷款额度除以贷款年金，它表示还款需要多少年。紧随其后的是 EXT_SOURCE_（1～3），它们是三个信用评分，在相关性分析中，表现出极强的相关性。排名第五的是原始特征 DAYS_BIRTH，表示以天为单位的客户年龄。

3.3.3 集成学习

集成学习模块采用贝叶斯权重搜索，具体做法如下。

在单模型阶段，由于采用五折交叉训练，获得了训练集的折外预测结果（out-of-fold predictions）。对每一个单模型预测结果赋予不同的权重，计算不同权重融合后在训练集上的 auc，目标是令 auc 尽可能大，搜索过程使用了 optuna 包进行贝叶斯搜索，代码如下。

```
# 训练集的折外预测结果
all_preds = train[['sub1', 'sub2', 'sub3']].values

# 给单模型赋予权重，目标是最大化 auc
def max_auc(params):
    preds = None
    for index, val in enumerate(params.keys()):
        if index == 0:
            preds = params[val]*all_preds[:, 0]
        else:
            preds += params[val]*all_preds[:, index]
    param_sum = 0
    for key, val in params.items():
        param_sum += val
    preds = preds/param_sum
    score = roc_auc_score(train['target'], preds)
    return score

# 生成权重
def objective(trial):
    params = {}
    for i in range(3):
        params[f"w{i+1}"] = trial.suggest_float(f'w{i+1}', 0, 1)
    score = max_auc(params)
    return score

# 执行实验
study = optuna.create_study(direction='maximize')
```

```
study.optimize(objective, n_trials=500)

# 获得实验的最佳权重
weights = list(study.best_params.values())
weights = [w / sum(weights) for w in weights]

# 使用最佳权重应用到测试集的预测结果上
final_pred = None
for i, model in enumerate(['sub1', 'sub2', 'sub3']):
    if i == 0:
        final_pred = test[model] * weights[i]
    else:
        final_pred += test[model] * weights[i]
```

各个单模型和集成学习的得分如表 3.1 所示，最终集成的结果在 private 榜的得分为 0.80028（排名为 36/7176）。

表 3.1　单模型和集成学习的结果

model	private score	public score
lgb_1	0.80026	0.80491
lgb_2	0.80021	0.80492
lgb_3	0.80011	0.80476
ensemble	0.80028	0.80494

本章介绍的方案代码参考链接为 https://github.com/poteman/kaggle-home-credit-default-risk。

第 4 章 自然语言处理：理论篇

自然语言处理（nature language processing，NLP）的主要目的是研究可以使人与计算机之间用自然语言进行有效沟通的各种理论和方法。借助 NLP 技术，计算机能够理解并生成人类语言，从而让人们能够更加便捷地使用计算机，无须掌握繁杂多变的编程语言。NLP 技术部分框架图如图 4.1 所示。

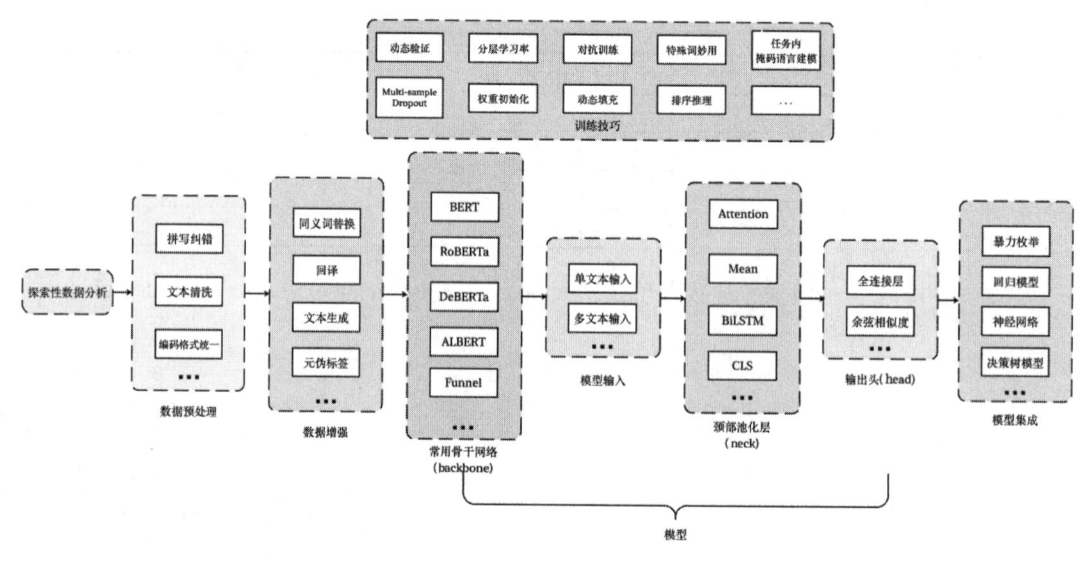

图 4.1　NLP 技术部分框架图

自然语言处理技术应用广泛，除了当下最火的 ChatGPT 为代表的文本生成领域，也包括传统的文本分类、智能客服、关键实体抽取等方面，由于许多任务的形式偏开放、评价标准难以准确定义，如故事续写、文本归纳等，所以目前大部分 NLP 竞赛还是以分类、回归等经典任务为主。以 Kaggle 为例，在 2018—2022 年举办的工业赛中（featured competition），共有 16 场以 NLP 任务为主的竞赛，如表 4.1 所示。统计每一场比赛前十名解决方案的主要思路，其中以文本分类、回归等为主的有 11 场，占比较大。

表 4.1　Kaggle 平台举办 NLP 相关工业赛汇总（2018—2022 年）

时　　间	竞　　赛	主要思路
2017.12.19—2018.3.20	Toxic Comment Classification Challenge	文本分类
2018.11.7—2019.2.14	Quora Insincere Questions Classification	文本分类
2019.3.30—2019.7.19	Jigsaw Unintended Bias in Toxicity Classification	文本回归
2019.10.29—2020.1.23	TensorFlow 2.0 Question Answering	基于原文的问答
2019.11.23—2020.2.10	Google QUEST Q&A Labeling	分类
2020.3.24—2020.6.22	Jigsaw Multilingual Toxic Comment Classification	分类
2020.3.24—2020.6.16	Tweet Sentiment Extraction	分类
2021.3.24—2021.6.22	Coleridge Initiative - Show US the Data	命名实体识别
2021.5.4—2021.8.2	CommonLit Readability Prize	回归
2021.11.9—2022.2.7	Jigsaw Rate Severity of Toxic Comments	回归
2021.12.15—2022.4.16	Feedback Prize - Evaluating Student Writing	命名实体识别
2022.2.2—2022.5.4	NBME - Score Clinical Patient Notes	基于原文的问答
2022.3.22—2022.6.21	U.S. Patent Phrase to Phrase Matching	文本匹配/回归
2022.5.12—2022.8.5	Google AI4Code – Understand Code in Python Notebooks	其他
2022.5.25—2022.8.24	Feedback Prize - Predicting Effective Arguments	分类
2022.8.31—2022.11.29	Feedback Prize - English Language Learning	回归

想快速入手 NLP 竞赛，除了需要了解领域背景，还需要了解当前的主流技术。NLP 相关的问题可以通过常规的基于特征工程+机器学习的方法解决，也可以通过当前基于预训练语言模型+微调的深度学习方法解决。通常前者的处理效率更高，但是效果不如后者。

相对于处理效率，当前以 Kaggle 为主的大部分 NLP 竞赛更偏重于模型准确度，因而以预训练语言模型为核心进行建模是当下主流的 NLP 任务解决方案，所以根据以 BERT 为主的预训练语言模型的输入输出形式，暂时将当前主流自然语言处理竞赛划分为三类：文本分类、文本回归以及基于原文的问答。

其中，不同类别根据场景（输入输出形式）又可以进一步细分，如针对 token 级别输出的文本分类任务近似于命名实体识别；而针对两篇文本输入、单个回归输出的文本回归任务近似于文本相似度计算。

无论任务本身多么复杂多变，本质上，从建模流程的角度来看都是相同的，导致模型准确度产生差距的因素主要集中在，针对任务和数据集的特点选择最合适的输入输出定义方式、训练技巧和各种细分的建模方法。

所以，接下来以图 4.1 为例，从通用流程的视角逐步介绍建模的不同环节，再对不同环节各种细分的建模方法所适合的具体比赛任务场景进行分析。

4.1 探索性数据分析

相比结构化数据，NLP 中的探索性数据分析是围绕文本展开的，所关注的重点信息包括文本词数、高频词等。其涉及的操作十分简单，只需要通过几行代码调用 Matplotlib、pandas、WordCloud、Seaborn 等库中封装好的 API 即可实现。

4.1.1 文本词数统计

文本词数是指统计数据集中每一条文本经过分词之后的词数。文本词数是 NLP 任务中的重要参数，过长的文本可能导致模型编码异常或者运行资源不足等问题；过短的文本可能影响模型的训练效果，因此需要根据具体情况进行文本裁切或者选择合适的模型进行处理（后面会详细分析如何根据实际情况进行选择）。下面是一个文本词数统计的代码示例。

```
import pandas as pd
import matplotlib.pyplot as plt
import seaborn as sns

train_df = pd.read_csv('../input/feedback-prize-effectiveness/train.csv')

train_df['word_count'] = train_df.text.apply(lambda x: len(x.split()))
# 对每一条文本使用空格分词并统计词数，中文可以使用 jieba 分词
sns.histplot(data=train_df, x="word_count")
plt.show()
```

文本词数统计图的可视化结果如图 4.2 所示。

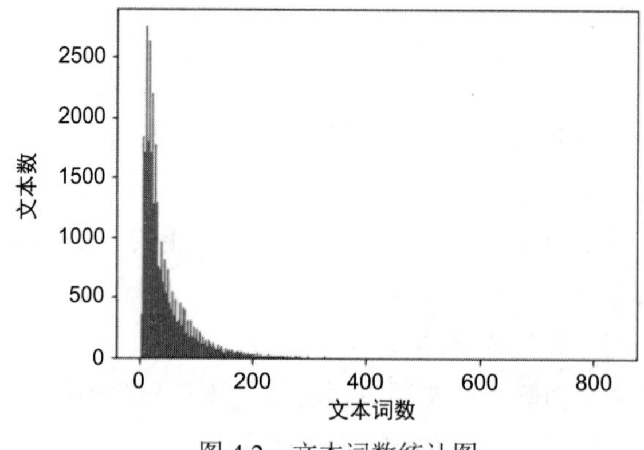

图 4.2　文本词数统计图

4.1.2　高频词统计

高频词统计是指统计一个语料库中出现频率较高的词汇。通常是为了了解语料库的特征或者为后续的信息提取和具体处理任务做准备。下面的代码以词云的形式显示文本中的高频词，单词出现次数越多，单词显示的词云效果的字体越大。

```
import pandas as pd
import matplotlib.pyplot as plt
from wordcloud import WordCloud

train_df = pd.read_csv('../input/feedback-prize-effectiveness/train.csv')

texts_list = train_df['text'].to_list()
texts = ' '.join(texts_list)

wordcloud = WordCloud(max_font_size=50, max_words=100, width=500,
height=500, background_color="white").generate(texts)

plt.imshow(wordcloud, interpolation="bilinear")
plt.axis("off")
```

可视化结果如图 4.3 所示。

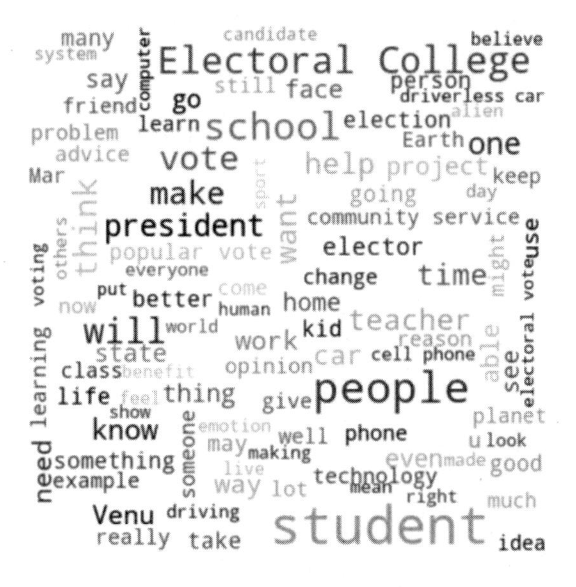

图 4.3　通过词云实现高频词统计

4.2 数据预处理

文本数据预处理主要是为了剔除文本中的细微错误，或者将文本格式进行规范化，将文本变得更“易读”，便于模型理解，以提高模型的效果。

1. 拼写纠错

拼写纠错指对文本中的输入错误或者常见用词错误进行纠正。因为文本中常常会有一定比例的拼写错误，对模型产生误导，如果放任这些错误不管有可能对文本处理效果产生影响。针对这种细微又普遍存在的错误，可以采用开源工具 neuspell 进行批量剔除。使用示例如下。

```
import neuspell
from neuspell import BertChecker
import pandas as pd

df_train = pd.read_csv('train.csv')
checker = BertChecker()
checker.from_pretrained()        # 从Google云下载模型权重文件并加载
df_train['corrected_text']=checker.correct_strings(df_train.text.values)
                                 # 执行纠错
```

2. 文本清洗

文本清洗通常是指使用正则表达式以及 BeautifulSoup（可以从 HTML 或 XML 文件中提取数据的 Python 库）清除文本中的特殊符号、表情包、URL、HTML 标签等对于任务没有帮助甚至有负面影响的文本。文本清洗可以减少非正常文本对建模效果的干扰，但是在一些任务中，特殊符号却是提升效果的关键，如换行符对于文本分段任务，以及感叹号对于情感分类任务，所以要根据具体情况决定是否对某类文本进行清洗。

以下是一种通用的清洗方法的代码示例。

```
import re
from bs4 import BeautifulSoup

def text_cleaning(text):
    '''
    操作顺序如下。
    （1）清除内嵌的网址
```

```
    （2）清除 HTML 标签
    （3）清除表情包
    （4）清除特殊符号如&, #等
    （5）清除多余空格
    '''
    template = re.compile(r'https?://\S+|www\.\S+') # 清除内嵌网址
    text = template.sub(r'', text)

    soup = BeautifulSoup(text, 'lxml')                # 清除 HTML 标签
    only_text = soup.get_text()
    text = only_text

    emoji_pattern = re.compile("["
                           u"\U0001F600-\U0001F64F"
                           u"\U0001F300-\U0001F5FF"
                           u"\U0001F680-\U0001F6FF"
                           u"\U0001F1E0-\U0001F1FF"
                           u"\U00002702-\U000027B0"
                           u"\U000024C2-\U0001F251"
                           "]+", flags=re.UNICODE)
    text = emoji_pattern.sub(r'', text)               # 清除表情包

    text = re.sub(r"[^a-zA-Z\d]", " ", text)          # 清除特殊符号
    text = re.sub(' +', ' ', text)                    # 清除额外空格
    text = text.strip()                               # 清除首尾的空格

    return text
```

3．编码格式统一

编码格式统一是指对乱码和异常字符进行处理。它可以提高文本的质量，从而提高模型的预测效果。

以下是一种通用的编码格式统一的代码示例。

```
import codecs
from typing import Optional, Tuple
from text_unidecode import unidecode
import pandas as pd

def resolve_encodings_and_normalize(text: str) -> str:
    """解决编码问题，统一处理异常字符"""
    text = (
        text.encode("raw_unicode_escape")
```

```
        .decode("utf-8", errors="replace_decoding_with_cp1252")
        .encode("cp1252", errors="replace_encoding_with_utf8")
        .decode("utf-8", errors="replace_decoding_with_cp1252")
    )
    text = unidecode(text)
    return text


def replace_encoding_with_utf8(error: UnicodeError) -> Tuple[bytes, int]:
    return error.object[error.start : error.end].encode("utf-8"),
error.end

def replace_decoding_with_cp1252(error: UnicodeError) -> Tuple[str, int]:
    return error.object[error.start : error.end].decode("cp1252"),
error.end

# 注册'utf-8'和'cp1252'的编码和解码错误处理程序
codecs.register_error("replace_encoding_with_utf8",
replace_encoding_with_utf8)
codecs.register_error("replace_decoding_with_cp1252",
replace_decoding_with_cp1252)

df_train = pd.read_csv('train.csv')
train_df['text'] = [resolve_encodings_and_normalize(i) for i in
train['text']]
```

4.3 数据增强

数据增强是指在有标注数据的基础上，利用外部知识或者模型对数据进行扩增，提高数据量。获取足够的有标注数据始终是 NLP 竞赛中绕不开的问题，在竞赛中经常会遇到只有几千条有标数据的情况，这对于 BERT 等模型的训练是远远不够的，所以这里介绍几种常用的文本数据增强方法，并通过文本增强工具 nlpaug 进行实现。

4.3.1 同义词替换

顾名思义，同义词替换是指将文本中的部分单词替换为含义相同的其他单词。该方法可以从单词的角度引入一些额外的知识，但是并不是所有的额外知识都对特定任务有帮助，所以只在某些情况下可以提高模型的训练效果。

通过 nlpaug 提供的使用示例如下，示例中使用的替换模型为 wordnet，除此之外还可以选择其他模型，如 ppdb 等。

```
import nlpaug.augmenter.word as naw

text = 'The quick brown fox jumped over the lazy dog'
aug = naw.SynonymAug(aug_src='wordnet')
augmented_text = aug.augment(text)
```

4.3.2　回译

回译是指将 A 语言的译文 B 翻译成 A 语言。假设原文为英文，首先指定一种与原文不同的翻译语言，如德文，将原文翻译为德文，再将翻译为德文的文本翻译回英文。

该方法可以借助优秀开源翻译平台中的模型知识，也可以借助开源社区的翻译模型知识，以一种中间语言为桥梁，对整条文本进行扩增。通过回译，可以引入语言与语言之间的差异，但是这种差异并不完全对任务有帮助，并且翻译模型本身也存在不准确的问题，所以在引入额外知识的同时，也会引入误差。因此，在选择翻译语言以及翻译模型时并不是一成不变的，需要根据实际效果进行调整。

通过 nlpaug 提供使用以下示例，其中文本数据语言为英文，中间语言为德文，采用的是 Hugging Face 社区的开源翻译模型“facebook/wmt19-en-de”。

```
import nlpaug.augmenter.word as naw

text = 'The quick brown fox jumped over the lazy dog'
back_translation_aug = naw.BackTranslationAug(
    from_model_name='facebook/wmt19-en-de',
    to_model_name='facebook/wmt19-de-en'
)
back_translation_aug.augment(text)
```

4.3.3　文本生成

数据增强中的文本生成通常是指通过生成模型或者归纳模型，对原文进行续写或归纳，得到新的文本。相当于通过引入不同任务形式之间的差异来引入知识，作用与其他文本增强的方式相似，通过引入额外知识提高效果，因此也需要根据实际效果选择使用生成还是归纳，以及对应任务的模型。

1．生成

通过 nlpaug 提供的使用示例如下，其中“xlnet-base-cased”为开源社区 Hugging Face 提供的可用于文本生成的模型，n=3 代表由一条文本生成的新文本的数量为 3。

```
import nlpaug.augmenter.sentence as nas
aug = nas.ContextualWordEmbsForSentenceAug(model_path='xlnet-base-cased')
augmented_texts = aug.augment(text, n=3) # n代表生成的新文本的数量
```

2．归纳

通过 nlpaug 提供的使用示例如下，其中“t5-base”是开源社区 Hugging Face 提供的模型，可用于文本归纳任务。

```
import nlpaug.augmenter.sentence as nas
article = """
The history of natural language processing (NLP) generally started in the
1950s, although work can be
found from earlier periods.
......
Little further research in machine translation was conducted
until the late 1980s when the first statistical machine translation systems
were developed.
"""

aug = nas.AbstSummAug(model_path='t5-base')
augmented_text = aug.augment(article)
```

4.3.4 元伪标签

元伪标签是在论文 *Meta Pseudo Labels* 中提出的方法（网址为 https://arxiv.org/abs/2003.10580），即在带标签数据集上训练教师模型，教师模型在无标签数据集上生成伪标签数据，让学生模型学习。可以在保证扩增数据中的知识与任务更贴合的情况下增加数据量。该方法通常比前几种扩增方法更加稳定有效，适用于同时获得部分有标注数据，以及部分未标注数据的情况。简单来说，元伪标签是以有标注数据作为衡量标准，让模型在未标注数据上不断优化。元伪标签示意图如图 4.4 所示。

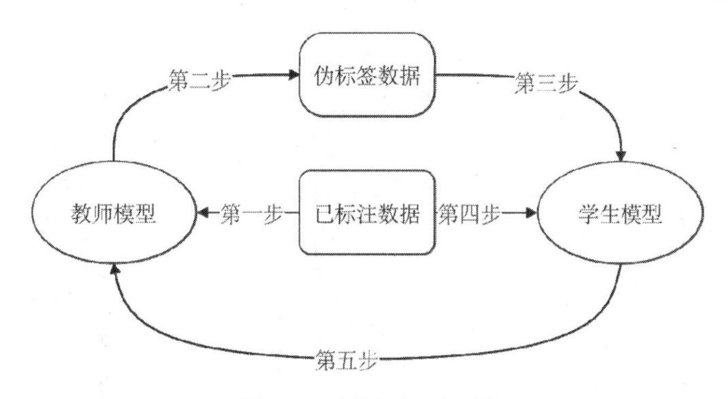

图 4.4　元伪标签示意图

元伪标签步骤如下。

（1）首先在有标注数据上训练“学生”，将表现最优的“学生”作为“教师”。

（2）使用“教师”在未标注数据上预测打上伪标签。

（3）再用伪标签数据训练新的“学生”。

（4）用有标注数据进行验证。

（5）将验证效果最好的“学生”作为新的“教师”。

（6）依次循环重复（2）～（5）的操作，直至达到优化限度。

同时，为了避免出现“学生”提前知道验证数据，还需要借助 oof 的思想，即将有标注数据划分为 n 等份，取 n-1 份作为学生需要学习的数据，取剩下的 1 份验证学生的学习效果，n-1 份对应（1）中的有标注数据，剩余 1 份对应（3）中进行验证的有标注数据。

4.4　模　　型

在注意力机制大放异彩的时代，作为预训练模型的代表性工作之一，NLP 竞赛的常青树——BERT 系列模型是每个参赛选手都绕不开的话题。由于其开源社区支持较为完善，大部分任务都可以使用开源库提供的 API 快捷调用 BERT 系列模型进行训练和预测，所以本节重点结合 Hugging Face 提供的知名开源 NLP 库——transformers 来讲述大部分竞赛中对于 BERT 系列模型的常见使用思路，以及针对具体任务进行 DIY 的小技巧。

4.4.1　NLP 竞赛的万金油——BERT

BERT 模型简介如图 4.5 所示。

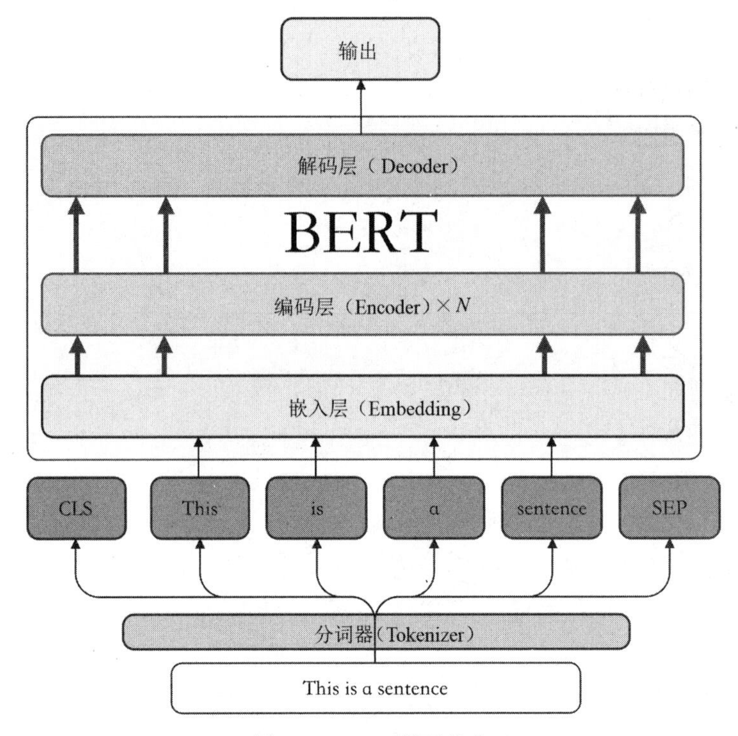

图 4.5　BERT 模型简介

下面简单介绍 BERT 模型的特点、组成部分以及对应的作用。

什么是 BERT？简单来说，BERT 是一个可以读懂文本的深层神经网络。稍微复杂一点，就是能够读懂文本上下文关联，并且在大规模语料上预训练后的拥有一定语言理解能力的深度神经网络。

那么 BERT 如何将文本变成能够被计算机理解的数学表达呢？这就涉及 BERT 的分词器（Tokenizer）。分词器首先将句子拆分成词表中存在的子词，通常情况下，默认会在句子前后添加 CLS 为代表的起始符，以及 SEP 为代表的分隔符。然后根据子词在词表中对应的唯一 ID，将拆分得到的多个子词替换为 ID，由此得到类似一维数组的表示形式（input ids），完成文本到数学表达的转变。此外，不同模型分词阶段还有注意力掩码（attention mask）、词类型 ID（token type id）、偏置量（offset mapping）等输出，也会有一些归一化操作，如统一小写、删除特殊符等。

得到数学表达后，BERT 模型内部会进行哪些操作呢？可以简单概括为，嵌入层特征表达、编码层特征提取（Transformer Encoder）和解码层获取输出（Transformer Decoder）。嵌入层可以类比成一个特征词典，存储每一个子词的特征向量，负责将模型获取的一维张量（由数组转换）映射到二维，得到更丰富的特征表达空间，再交由编码层进行深层特征提取，而负责将编码层结果转变成任务输出的解码层，则需要根据具体任务进行设计，所以通常情况下我们只使用预训练模型的嵌入层和编码层预训练权重。

以上便是对于 BERT 系列模型的简要介绍，接下来会结合具体任务中 BERT 模型的使用介绍输入/输出部分的设计思路，以及如何选择合适的预训练模型。

4.4.2　常用模型 backbone 及其特点

虽然在 BERT 之后有许多优秀的衍生模型被提出，但是任何模型都有其优缺点和针对性，也许有的模型在 GLUE（general language understanding evaluation，来自纽约大学、华盛顿大学等机构创建的一个多任务的自然语言理解基准和分析平台）排行榜上效果不佳，但是由于预训练语料恰好与任务场景中文本较为相似，反而能够获得更好的收敛结果。因此，下面简单介绍几种常用的模型，并列举不同场景下选择预训练模型的一些技巧。

1. RoBERTa

该模型的特点如下。

（1）比 BERT 效果更优、鲁棒性更强：RoBERTa 属于 BERT 的强化版本，主要改进集中在训练调优（算力、数据量、batch size），此外还有一些训练方法的改进（去掉“下一句预测”预训练任务、动态掩码、字节级文本编码）。

（2）开源社区支持更完善：由于 RoBERTa 鲁棒性较好，完成的许多任务都有不错的效果，提出后较受欢迎，因此大部分任务都可以使用开源 Transformer 库进行应用。

（3）衍生开源模型更多：在 Hugging Face 的模型库有高达 6230 种在不同任务、不同语种进行预训练的 RoBERTa 模型供选择。

（4）绝对位置编码：不支持处理超过指定长度的单条输入。

2. DeBERTa

该模型的特点如下。

（1）当前阶段 GLUE 榜首：目前 DeBERTa 是大部分自然语言理解（natural language understanding，NLU）任务的 SOTA（state of the art，特定领域或排行中处在最高水平），许多任务的最优方案都使用了 DeBERTa 及其变体。

（2）衍生开源模型较多：目前开源社区也有将近 600 种涵盖多语言、多任务的开源 DeBERTa 预训练模型供选择。

（3）相对位置编码：支持处理超过指定长度的单条输入。

3．ALBERT

该模型的特点如下。

（1）轻量化：ALBERT 是 BERT 的轻量化改进版本，在缩减参数量的同时也保证了效果。

（2）衍生开源模型较多。

（3）绝对位置编码。

4．Funnel-Transformer

该模型的特点如下。

（1）处理效率更高：采用漏斗形结构，随着网络加深，在“序列长度”维度进行压缩，最后使用 Decoder 进行上采样，保证维度一致，总体上减少参数量，提高处理效率。

（2）相对位置编码。

5．模型选择技巧

除了以上几种模型，还有许多开源模型没有被提及，每种模型都有各自的特点，那么在竞赛中该如何进行选择呢？以下提供几种主要思路。

（1）最大文本词数：在 2.1 节提到了文本词数统计，在当前大部分绝对位置编码的模型都以 514 文本词数左右为限制的情况下，如果某个任务数据集的大部分文本词数都在 514 以上，那么可以优先考虑采用相对位置编码的模型，若想使用采取绝对位置编码的模型，可以参考 4.6.11 节提供的一种解决方案——LSG。

（2）竞赛评判标准（时间或效果）：若相同数据量下，竞赛统一限制的线上推理时间较短，如一小时以内，则需要选择单模表现最佳的模型，如 DeBERTa 系列。若竞赛更加关注整体效果且时间宽裕，则可以选择不同类型的预训练模型进行集成。

（3）文本数据语种：不同竞赛中，需要处理的文本数据包含的语种也不同，可以根据具体语种选择对应的预训练模型，若同时包含多种语种，则可以选择支持多语言的（multilingual）预训练模型。

（4）领域相关任务：在某些竞赛中，会出现文本数据与某一领域强相关的情况，如专利相似度匹配，包含大量专业的名词和缩写，有时可能因为模型“不认识”某些频繁出现的专业名词，从而导致效果不佳。因此选择与其相关的预训练语言模型，有时单模效果甚至可以超越模型的集成效果。

6．基本调用方式和常用 API

介绍完模型特点，我们简要结合代码介绍引入预训练模型的方式，以及保存、加载模型权重的 API。

1）预训练模型引入方式

得益于强大的开源库 transformers，我们在 Hugging Face 社区找到所需的模型名称之后，只需要一行代码就可以完成引入。

```
from transformers import AutoModel

model = AutoModel.from_pretrained('funnel-transformer/large')
```

2）保存模型权重的 API

```
from transformers import AutoModel
import torch

model = AutoModel.from_pretrained('funnel-transformer/large')  # 载入模型
结构
torch.save(model.state_dict(), "saved_model.pth")
```

3）加载模型权重的 API

```
from transformers import AutoModel
import torch

model = AutoModel.from_pretrained('funnel-transformer/large')  # 载入模型
结构
state =torch.load('saved_model.pth',map_location=torch.device('cuda'))
model.load_state_dict(state)
```

4.4.3　设计 BERT 类模型的输入

首先明确一个问题，BERT 类模型的输入主要是由什么组成的？在 4.4.1 节中我们已经介绍，BERT 类模型通过分词器将文本变成模型能够理解的数学表达，即文本拆分后的子词+特殊词，再获取对应的 ID。

“流水的文本，铁打的特殊词”，这是对 BERT 类模型输入特点的描述。因此针对不同任务场景进行输入设计，可以类比为针对不同任务设计特殊词的嵌入模板。接下来，我们根据具体任务，结合 Hugging Face 的 transformers 库介绍不同任务的常用特殊词模板。

1．单条文本输入任务（文本分类、命名实体识别、文本评分等）

顾名思义，单条文本输入任务是指每次的输入都是一整条文本，示例如下。

（1）恶意评论检测（文本分类），对每一条评论文本进行预测，输出为恶意等级，如严重、一般、较轻、无恶意。

（2）文本自动分段（命名实体识别），对一篇议论性文章进行分段，输出为每一个子词的分段类别，如引论、本论、结论等。

（3）可读性评分（文本评分），对一篇文章的摘要进行打分，输出为文章的可读性分值。

这类任务除了文本输入，没有额外的信息需要引入，通常采用默认的嵌入模板，即“[CLS] + 文本拆分子词 + [SEP]”的输入方式，代码如下。

```
import pandas as pd
from transformers import AutoTokenizer

test_df = pd.read_csv("test.csv")
text = test_df.text.values[0]                          # "This is a sentence"
tokenizer = AutoTokenizer.from_pretrained('bert-base-uncased')
encoded_text_ids = tokenizer.encode(text)['input_ids'] # 直接获取分词后转换的 ID 形式输入[101, 2023, 2003, 1037, 6251, 102]
tokenized_text = tokenizer.convert_ids_to_tokens(encoded_text_ids)
['[CLS]', 'this', 'is', 'a', 'sentence', '[SEP]']
```

tokenzier.__call__、tokenizer.encode、tokenizer.batch_encode_plus 等 API 可以直接将输入转换为 ID 的形式，若需要查看子词+特殊词的中间态，可以使用 tokenizer.convert_ids_to_tokens 对 ID 形式的结果进行转换。

2. 多条文本输入任务（原文问答、简单文本匹配等）

与单条文本输入任务不同，多条文本输入任务通常需要同时对一条以上文本进行处理，示例如下。

（1）患者病例描述关键词提取（原文问答），给定一篇病例文本（内容），以及一条疾病描述，输出病例原文中的一个或者多个与疾病相关的症状词（句）。

（2）专利相似度预测（简单文本匹配），给定一段某特定领域专利的分类关键词，以及两个专利的关键短语，输出两篇专利在该领域下的相似度。

这类任务输入的相同点是同时有多条不同的文本输入，通常采用“[CLS]+文本 1+[SEP]+文本 2+[SEP]+文本 n+[SEP]”的嵌入模板。对于同时有两条输入的情况，可以直接调用 Tokenizer 自带的编码 API，大部分模型的分词器都有对两条文本输入的嵌入实现，代码如下。

```
import pandas as pd
from transformers import AutoTokenizer
```

```
test_df = pd.read_csv("test.csv")
text1 = test_df.text.values[0] # "This is sentence1"
text2 = test_df.text.values[1] # "This is sentence2"
tokenizer = AutoTokenizer.from_pretrained('bert-base-uncased')
encoded_text = tokenizer(text1, text2,
                add_special_tokens=True) # {'input_ids': [101, 2023, 2003,
6251, 2487, 102, 2023, 2003, 6251, 2475, 102], 'token_type_ids': [0, 0, 0,
0, 0, 0, 1, 1, 1, 1, 1], 'attention_mask': [1, 1, 1, 1, 1, 1, 1, 1, 1, 1, 1]}
tokenized_text = tokenizer.convert_ids_to_tokens( encoded_text ['input_ids'])
# ['[CLS]','this','is','sentence','##1','[SEP]','this','is','sentence',
'##2','[SEP]']
```

对于同时有两条以上文本输入的情况，需要先将多条文本用分隔符间隔的方式拼接在一起，再调用 Tokenizer 的编码 API 处理，代码如下。

```
import pandas as pd
from transformers import AutoTokenizer

test_df = pd.read_csv("test.csv")
text1 = test_df.text.values[0] # "This is sentence1"
text2 = test_df.text.values[1] # "This is sentence2"
textn = test_df.text.values[n] # "This is sentenceN"

tokenizer = AutoTokenizer.from_pretrained('bert-base-uncased')
combined_text = text1 + tokenizer.sep_token + text2 + tokenizer.sep_token
+ textn # "This is sentence1[SEP]This is sentence2[SEP]This is sentenceN"
encoded_text = tokenizer(combined_text) # {'input_ids': [101, 2023, 2003,
6251, 2487, 102, 2023, 2003, 6251, 2475, 102, 2023, 2003, 6251, 2078, 102],
'token_type_ids': [0, 0, 0, 0, 0, 0, 0, 0, 0, 0, 0, 0, 0, 0, 0, 0],
'attention_mask': [1, 1, 1, 1, 1, 1, 1, 1, 1, 1, 1, 1, 1, 1, 1, 1]}
tokenized_text = tokenizer.convert_ids_to_tokens( encoded_text['input_ids'])
#['[CLS]', 'this', 'is', 'sentence', '##1', '[SEP]', 'this', 'is',
'sentence', '##2', '[SEP]', 'this', 'is', 'sentence', '##n', '[SEP]']
```

3. 其他任务形式（结构化文本分类等）

除了针对以上两类任务的输入信息来设计模型输入，还需要考虑许多其他任务所对应的输入信息，有些输入信息不仅只包含文本，如议论文分段审阅（结构化文本分类），给定一篇文章、不同段落的起止字符位置索引，以及每个段落的段落名称（引论、本论、结论等），输出每个段落的写作情况（优秀、一般、较差）。不仅需要考虑不同分段内容的差异，还需要考虑不同分段位置的差异，这种较为复杂的任务没有通用的输入范式，但是本质上还是使用特殊词进行处理，我们在 4.6.4 节会做进一步介绍。

4.4.4 设计 BERT 类模型的 neck

在 BERT 模型简介中也提到了，通常情况下我们都只使用预训练模型的嵌入层和编码层预训练权重，而模型的解码层需要针对具体任务进行设计，解码层包括 neck 以及 head，分别对应自定义模型结构中的 feature 方法和 forward 方法。

通常情况下，neck 只将从模型编码层获取的输出进行二次特征处理，head 负责根据任务所需的输出格式进行转换，将 neck 的输出进一步处理得到最终的输出。

而模型 neck 作为过渡层，一方面要处理编码层特征输出，另一方面要配合模型 head 得到最终的任务输出，因此在设计的时候一般需要考虑以下两点。

（1）输出形式过渡：根据任务形式，将编码层特征输出的形式进行转换，配合模型 head 得到最贴合任务要求的输出形式。例如对于基于原文的问答任务，需要从文本的维度获取原文中答案的位置，因此需要保留编码层特征输出中的 seq_len 维度。

（2）对效果的影响：不同的 neck 对实际效果也会产生影响，但是具体效果与预训练模型本身、任务场景和数据关联较紧密，如果追求最佳的效果，则需要在保证（1）的情况下，尽可能尝试多种 neck 设计。

自定义 Model 实现类的示例代码如下。

```
class Model(nn.Module):
    def __init__(self, cfg, config_path=None, pretrained=False):
        super().__init__()
        self.cfg = cfg
        self.config = AutoConfig.from_pretrained(cfg.model, output_hidden_
states=True)
        self.model = AutoModel.from_pretrained(cfg.model, config=self.
config)
        self.neck = AttentionPool(self.config.hidden_size)
        self.fc = nn.Linear(self.config.hidden_size, 6)

    def feature(self, inputs):
        outputs = self.model(**inputs)
        feature = self.neck(outputs.last_hidden_state, inputs['attention_
mask'])
        return feature

    def forward(self, inputs):
        feature = self.feature(inputs)
```

```
        output = self.fc(feature)
        return output
```

下面主要介绍注意力、平均池化、BiLSTM 、CLS 池化四种 neck。

1．注意力

通常是根据 hidden_dim 的维度，进一步计算 dim=1 处（seq_len）的全局特征权重并加权，得到形如 batch_size × hidden_dim 的二维张量输出。实现类的示例代码如下。

```
class AttentionPool(nn.Module):
    def __init__(self, in_dim):
        super().__init__()
        self.attention = nn.Sequential(
        nn.Linear(in_dim, in_dim),
        nn.LayerNorm(in_dim),
        nn.GELU(),
        nn.Linear(in_dim, 1),
        )

    def forward(self, x, mask):
        w = self.attention(x).float()
        w[mask==0]=float('-inf')
        w = torch.softmax(w,1)
        x = torch.sum(w * x, dim=1)
        return x
```

2．平均池化

通常指获取最后一层编码层输出后，直接从 seq_len 维度进行平均，得到形如 batch_size×hidden_dim 的二维张量。实现类的示例代码如下。

```
class MeanPooling(nn.Module):
    def __init__(self):
        super(MeanPooling, self).__init__()

    def forward(self, last_hidden_state, attention_mask):
        input_mask_expanded = attention_mask.unsqueeze(-1).expand
(last_hidden_state.size()).float()
        sum_embeddings=torch.sum(last_hidden_state * input_mask_expanded,1)
        sum_mask = input_mask_expanded.sum(1)
        sum_mask = torch.clamp(sum_mask, min=1e-9)
        mean_embeddings = sum_embeddings / sum_mask
        return mean_embeddings
```

3. BiLSTM

通常指获取最后一层编码层输出后，使用双向 LSTM 对 hidden_dim 维度进行二次特征提取，得到形如 batch_size×seq_len×2×bilstm_hidden_size 的输出。实现类的示例代码如下。

```
class BiLSTMPool(nn.Module):
    def __init__(self, hidden_size, bilstm_hidden_size):
        super().__init__()
        self.bilstm = nn.LSTM(hidden_size, bilstm_hidden_size, bidirectional=
True, batch_first=True)

    def forward(self, last_hidden_state):
        neck_output, _ = self.bilstm(last_hidden_state)
        return neck_output
```

4. CLS 池化

通常指获取最后一层编码层输出后，取 seq_len 维度的第一个特征向量，得到形如 batch_size×hidden_dim 的输出。实现类的示例代码如下。

```
class CLSPooling(nn.Module):
    def __init__(self):
        super(CLSPooling, self).__init__()

    def forward(self, last_hidden_state):
        neck_output = last_hidden_state[:,0,:]
        return neck_output
```

4.4.5 设计 BERT 类模型的输出

从 neck 获取输出之后，对不同任务输出形式，下面简要介绍几种输出（head）的设计方式以及适用的任务。

1. 单个全连接层

适用于大多数任务。通常用于对 hidden_dim 维度直接进行降维至目标维度 target_size，若 neck 输出为 batch_size×seq_len×hidden_size，则得到形如 batch_size×seq_len×target_size 的输出；若 neck 输出为 batch_size×hidden_size，则得到形如 batch_size×target_size 的输出。前者适用于原文问答等需要保留 seq_len 维度以获取对应位置词句的任务，后者适用于文本分类/回归等任务。

原文问答任务的示例 Model 类实现如下。

```
class Model(nn.Module):
    def __init__(self, cfg):
        super().__init__()
        self.cfg = cfg
        self.config = AutoConfig.from_pretrained(cfg.model_p,
output_hidden_states=True)
        self.model = AutoModel.from_pretrained(cfg.model_p,
        self.bilstm_hidden_size = 768
        self.neck = BiLSTMPool(self.config.hidden_size,
self.bilstm_hidden_size)
        self.head = nn.Linear(self.bilstm_hidden_size*2, 1)

     def feature(self, inputs):
        outputs = self.model(**inputs)
        last_hidden_states = outputs[0]
        return self.neck(last_hidden_states)

    def forward(self, inputs):
        neck_feature = self.feature(inputs)
        output = self.head(neck_feature)
        return output
```

文本分类/回归任务的示例 Model 类实现如下。

```
class Model(nn.Module):
    def __init__(self, cfg):
        super().__init__()
        self.cfg = cfg
        self.config = AutoConfig.from_pretrained(cfg.model_p, output_
hidden_states=True)
        self.model = AutoModel.from_pretrained(cfg.model_p,
        self.neck = CLSPooling()
        self.head = nn.Linear(self.config.hidden_size, 1)

     def feature(self, inputs):
        outputs = self.model(**inputs)
        last_hidden_states = outputs[0]
        return self.neck(last_hidden_states)

    def forward(self, inputs):
        neck_feature = self.feature(inputs)
```

```
        output = self.head(neck_feature)
        return output
```

2. 余弦相似度

通常指将模型的两个编码层输出分别用 neck 处理后的形如 batch_size × hidden_dim 的两个输出进行相似度计算，得到形如 batch_size × score 的结果。余弦相似度适用于使用孪生网络或双塔结构的文本匹配任务。

示例 Model 类的实现代码如下。

```
class Model(nn.Module):
    def __init__(self, cfg):
        super().__init__()
        self.cfg = cfg
        #anchor
        self.anchor_config = AutoConfig.from_pretrained(cfg.anchor_model,
output_hidden_states=True)
        self.anchor_model  =  AutoModel.from_pretrained(cfg.anchor_model,
config=self.anchor_config)
        self.anchor_neck = AttentionPool(self.anchor_config.hidden_size)
        #target
        self.target_config = AutoConfig.from_pretrained(cfg.target_model,
output_hidden_states=True)
        self.target_model  =  AutoModel.from_pretrained(cfg.target_model,
config=self.target_config)
        self.target_neck = AttentionPool(self.target_config.hidden_size)

    def anchor_feature(self, inputs):
        last_hidden_state = self.anchor_model(**inputs)[0]
        neck_output = self.anchor_neck(last_hidden_state)
        return output
    def target_feature(self, inputs):
        last_hidden_state = self.target_model(**inputs)[0]
        neck_output = self.target_neck(last_hidden_state)
        return eck_output

    def forward(self, anchor_inputs,target_inputs):
        anchor_feature = self.fc_dropout(self.anchor_feature(anchor_
inputs))
        target_feature = self.fc_dropout(self.target_feature(target_
inputs))
        # 使用torch的余弦相似度函数计算两个编码张量的相似度
        output = torch.cosine_similarity(anchor_feature,target_feature,
```

```
dim=1)

        return output
```

3. 其他

模型 head 本质上还是为任务输出服务的，除了以上列举的较为简单和常见的两种，还有许多其他针对单一任务场景的设计方式，例如在 4.6.4 节中，我们会将特殊词的使用与 head 设计结合，用来输出包含多个待预测分段的结构化文本分类结果。

4.5 模型集成

俗话说“三个臭皮匠，顶个诸葛亮”，模型集成便是如此，它将多个已经训练好的模型结合在一起，通过特定的方法，在测试数据上实现这些模型的综合应用。这种做法的目的是为了让最终的结果能够结合各个模型的优点，从而实现“优势互补”，提升最终效果。

对于文本分类和文本回归问题，可以采用直接对结果加权平均、根据 oof 确定不同模型的线性权重，以及通过多层模型构建 Stacking 等。

对于基于原文的问答，输出通常是使用“指针”的方式直接预测得到答案的起止位置；对于指针输出的融合，通常参考目标检测任务的思想，如 WBF（weighted boxes fusion，加权框融合），但是要注意一点，不同模型可能拥有不同的 tokenizer，即同一个词在相同文本中可能会被不同模型定位到不同的索引，代表同一个词在不同模型的输出中所指的索引可能是不同的，所以可以将词级别的指针定位到最基本的 char 级别后再进行融合操作。

对于命名实体识别，输出通常是使用“词分类”的方式得到每个词的所属类别，连续相同类别的词为相同实体；对于词分类输出的融合，可以将整个文本所有词的类别概率统一看作形状为(seq_len, target_num)的概率矩阵，然后针对概率矩阵进行加权融合等操作，但是词分类输出的融合也存在与指针输出融合类似的索引对齐问题，因此也需要将概率矩阵先对齐后再进行融合操作。

4.6 训练技巧

本节将针对竞赛过程中常用的训练技巧进行介绍，同时也会对前面内容的一些细节进行补充。

4.6.1 动态验证

动态验证通常是指在模型训练过程中，以一次反向参数更新为一个步数，在步数数量达到一定程度后，使用验证数据获取一次当前模型的验证集准确度，若是当前全局最优，则保存模型权重，并且模型准确度越接近期望值，两次校验的间隔步数越少。

该方法本质上是将原本一个 epoch 验证（将所有的训练数据集中的样本校验一遍的过程）一次的固定校验粒度细化了，牺牲训练效率来提高模型效果，一般在模型训练参数确定后，追求极致效果的情况下使用，在竞赛初期不建议使用（参考资料见 https://www.kaggle.com/code/chamecall/clrp-finetune-roberta-large）。

1. 预定义不同准确度下的校验区间

代码如下。

```
schedule=[(float('inf'), 400),(0.450, 10),(0.445, 2), (0, 0)]
```

代码中包含了四个区间，分别代表：

（1）在验证损失（loss）小于无限大（即未计算损失之前）时，校验区间为 400 个步数；

（2）在验证损失小于 0.45 时，校验区间为 10 个步数；

（3）在验证损失小于 0.445 时，校验区间为 2 个步数；

（4）在验证损失小于 0 时，抛出异常。

2. 定义动态验证实现类

代码如下。

```
class EvaluationScheduler:
    def __init__(self, evaluation_schedule, penalize_factor=1, max_
penalty=8):
        self.evaluation_schedule = evaluation_schedule
        self.evaluation_interval = self.evaluation_schedule[0][1]
        self.last_evaluation_step = 0
        self.prev_loss = float('inf')
        self.penalize_factor = penalize_factor
        self.penalty = 0
        self.prev_interval = -1
        self.max_penalty = max_penalty

    def step(self, step):
```

```
        # 如果当前训练步数大于等于上一次校验时的步数+当前验证区间，则进行一次验证，并
将上一次校验步数设置为当前步数
        if step >= self.last_evaluation_step + self.evaluation_interval:
            self.last_evaluation_step = step
            return True
        else:
            return False


    def update_evaluation_interval(self, last_loss):
        # 将输入的验证损失作为上一次的验证损失，并根据动态校验预设区间的验证损失从左到
右进行比较，找到最接近但是大于验证损失的预设区间作为当前校验区间
        cur_interval = -1
        for i, (loss, interval) in enumerate(self.evaluation_schedule[:-1]):
            if self.evaluation_schedule[i+1][0] < last_loss < loss:
                self.evaluation_interval = interval
                cur_interval = i
                break
        if last_loss > self.prev_loss and self.prev_interval == cur_interval:
            self.penalty += self.penalize_factor
            self.penalty = min(self.penalty, self.max_penalty)
            self.evaluation_interval += self.penalty
        else:
            self.penalty = 0

        self.prev_loss = last_loss
        self.prev_interval = cur_interval
```

3. 在训练阶段调用

代码如下。

```
def train_loop(folds, fold):
    train_folds = folds[folds['fold'] != fold].reset_index(drop=True)
    valid_folds = folds[folds['fold'] == fold].reset_index(drop=True)
    train_dataset = TrainDataset(CFG, train_folds)
    valid_dataset = ValidDataset(CFG, valid_folds)
    train_loader = DataLoader(train_dataset,
                              batch_size=CFG.batch_size,
                              shuffle=True,
                              num_workers=CFG.num_workers, pin_memory=True,
drop_last=True)
    valid_loader = DataLoader(valid_dataset,
                              batch_size=CFG.batch_size,
```

```
                             shuffle=True,
                             num_workers=CFG.num_workers, pin_memory=True,
drop_last=True)
    model = CustomModel(CFG, config_path=None, pretrained=True)
    optimizer = AdamW(optimizer_parameters, lr=CFG.encoder_lr, eps=CFG.
eps, betas=CFG.betas)
    criterion = nn.SmoothL1Loss(reduction='mean')
    evaluation_scheduler = EvaluationScheduler(CFG.schedule)
    best_score=np.inf
    for epoch in range(CFG.epochs):
        model.train()
        scaler = torch.cuda.amp.GradScaler(enabled=CFG.apex)
        for step, (inputs, labels) in enumerate(train_loader):
            for k, v in inputs.items():
                inputs[k] = v.to(device)
            labels = labels.to(device)

            y_preds = model(inputs)
            loss = criterion(y_preds, labels)
            scaler.scale(loss).backward()
            scaler.step(optimizer)
            scaler.update()
            optimizer.zero_grad()
            # 以下为关键代码
            # 每完成一个步数，都会判断是否满足验证的步数区间，若满足，则进行一次验证，
并获取验证损失或者得分
            if evaluation_scheduler.step(steps):
                score, predictions = valid_fn(valid_loader, model, criterion,
device)
                if best_score > score:
                    best_score = score
                    torch.save(model.state_dict()," model.pth")
# 根据验证损失或者得分来更新校验区间
evaluation_scheduler.update_evaluation_interval(score)
    return true
```

4.6.2 分层学习率

分层学习率是指在初始化优化器（optimizer）时，给模型不同的层设置不同的学习率。因为在预训练语言模型中，越靠近输入的层（浅层）的知识通用性越强，在训练过程中参数变动较小；而靠近输出的层（深层）的知识与任务关联越紧密，在训练过程中参数变动

更大，因此我们可以根据模型由浅入深的层数，设置递进的学习率，帮助模型更好地收敛。

该方法一般在模型的编码层较多（24 层及以上）时使用。通常大模型对于学习率更敏感，设置递进的学习率能够提高大模型的收敛速度和效果。但是具体的分层递进策略也是需要不断尝试的，一般对于编码层采用线性递增的方式，对于 neck 和 head 则直接使用最后一层编码的学习率。

代码示例如下。

```
def get_optimizer_params(model, encoder_lr, decoder_lr, weight_decay=0.0):
        # 获取模型各层的名称和参数
        named_parameters = list(model.named_parameters())
        parameters = []

        # 每隔 k 层变更一次分层学习率
        increase_lr_every_k_layer = 1

        # 将不同的学习率以列表的形式存储，这里的 24 是编码层数，1 是最开始的学习率倍数，5 是最终学习率倍数，总层数//k 层变更 = 变更次数 = 不同学习率的个数
        lrs = np.linspace(1, 5, 24 // increase_lr_every_k_layer)
        # 不设置权重衰减的模型层包含的关键词的列表
        no_decay = ["bias", "LayerNorm.bias", "LayerNorm.weight"]
        # 遍历模型各层的名称和参数
        for layer_num, (name, params) in enumerate(named_parameters):
            # 如果名称包含不设置权重衰减的层的关键词，则权重衰减设置为 0
            weight_decay = 0.0 if any(nd in name for nd in no_decay) else 0.01
            # 通常嵌入层、采样层是不需要设置分层学习率的，更多的是给编码层设置分层学习率，而一个模型中包含多个编码层，编码层中的各个细分的层名称由层类型+该编码层的层数组成，中间由“.”隔开
            splitted_name = name.split('.')
            # encoder_lr 是默认学习率，也是初始学习率
            lr = encoder_lr
            # 要判断当前正在遍历的层是否属于编码层，并且根据编码层的层数判断当前的学习率是多少
            if str.isdigit(splitted_name[3]):
                layer_num = int(splitted_name[3])
                lr = lrs[layer_num // increase_lr_every_k_layer] * encoder_lr
                print(name,lr)
            # 在 Hugging Face 的模型命名规则中，预训练模型的各个层名称中一般会带有 model，而自定义的层为了区分开，通常不会使用带 model 的名称。所以为了给自定义的层设置学习率，需要合理地设置判断方法，并和预训练模型的层区分开
            if 'model' not in splitted_name:
                lr = decoder_lr
```

```
            print(name,lr)
        parameters.append({"params": params,
                           "weight_decay": weight_decay,
                           "lr": lr})
    return parameters
```

4.6.3 对抗训练

对抗训练是一种在训练过程中加入一定程度的干扰或噪声的方式。合适的对抗训练策略有助于增强模型的稳定性和其在面对未知数据时的适用性。常用方法包括但不限于FGM、AWP、PGD 等。

该方法适合大部分情况，但是也有时间开销较长、硬件开销较大的问题。以 AWP 为例，示例代码包括两部分：实现类示例代码及训练调用示例代码。

1．实现类示例代码

参考资料见 https://www.kaggle.com/code/wht1996/feedback-nn-train/notebook。

```
class AWP:
    def __init__(
        self,
        model,
        optimizer,
        adv_param="weight",
        adv_lr=1e-5,
        adv_eps=0.01,
        adv_step=1,
        scaler=None
    ):
        self.model = model
        self.optimizer = optimizer
        self.adv_param = adv_param
        self.adv_lr = adv_lr
        self.adv_eps = adv_eps
        self.adv_step = adv_step
        self.backup = {}
        self.backup_eps = {}
        self.scaler = scaler

    def attack_backward(self, inputs, labels,criterion):
        self._save()
```

```
        for i in range(self.adv_step):
            self._attack_step()
            with torch.cuda.amp.autocast(enabled=CFG.apex):
                y_preds = self.model(inputs)
                # AWP 实现类的内部，也需要根据模型实际的输入/输出、损失函数的计算以及
反向传播的方式进行一次实现
                adv_loss = criterion(y_preds, labels)
            self.optimizer.zero_grad()
            self.scaler.scale(adv_loss).backward()
        self._restore()

    def _attack_step(self):
        e = 1e-6
        for name, param in self.model.named_parameters():
            if param.requires_grad and param.grad is not None and self.
adv_param in name:
                norm1 = torch.norm(param.grad)
                norm2 = torch.norm(param.data.detach())
                if norm1 != 0 and not torch.isnan(norm1):
                    r_at = self.adv_lr * param.grad / (norm1 + e) * (norm2 + e)
                    param.data.add_(r_at)
                    param.data = torch.min(
                        torch.max(param.data, self.backup_eps[name][0]),
self.backup_eps[name][1]
                    )

    def _save(self):
        for name, param in self.model.named_parameters():
            if param.requires_grad and param.grad is not None and self.
adv_param in name:
                if name not in self.backup:
                    self.backup[name] = param.data.clone()
                    grad_eps = self.adv_eps * param.abs().detach()
                    self.backup_eps[name] = (
                        self.backup[name] - grad_eps,
                        self.backup[name] + grad_eps,
                    )

    def _restore(self,):
        for name, param in self.model.named_parameters():
            if name in self.backup:
                param.data = self.backup[name]
```

```
        self.backup = {}
        self.backup_eps = {}
```

2. 训练调用示例代码

```
def train_loop(folds, fold):
    train_folds = folds[folds['fold'] != fold].reset_index(drop=True)
    train_dataset = TrainDataset(CFG, train_folds)
    train_loader = DataLoader(train_dataset,
                              batch_size=CFG.batch_size,
                              shuffle=True,
                              num_workers=CFG.num_workers, pin_memory=True,
drop_last=True)
    model = CustomModel(CFG, config_path=None, pretrained=True)
    optimizer = AdamW(optimizer_parameters, lr=CFG.encoder_lr, eps=CFG.eps,
betas=CFG.betas)
    criterion = nn.SmoothL1Loss(reduction='mean')
    for epoch in range(CFG.epochs):
        model.train()
        scaler = torch.cuda.amp.GradScaler(enabled=CFG.apex)
        awp = AWP(
            model,
            optimizer,
            adv_lr=CFG.adv_lr,
            adv_eps=CFG.adv_eps,
            scaler=scaler
        )
        for step, (inputs, labels) in enumerate(train_loader):
            for k, v in inputs.items():
                inputs[k] = v.to(device)
            labels = labels.to(device)

            y_preds = model(inputs)
            loss = criterion(y_preds, labels)
            scaler.scale(loss).backward()
            # 关键步骤，在正常计算验证损失以及梯度后进行对抗
            awp.attack_backward(inputs, labels,criterion)
            # 正常执行剩余步骤
            scaler.step(optimizer)
            scaler.update()
            optimizer.zero_grad()
```

```
torch.save(model.state_dict()," model.pth")
return true
```

4.6.4　使用特殊词处理复杂信息

通常指使用分词器中的特殊词在文本中引入其他信息。在模型输入部分，我们提到除了单文本和多文本输入之外，还存在包含位置信息等其他输入的任务场景无法直接使用分词器自带的特殊词引入的情况，对于这种情况，可以通过自定义的特殊词引入。

以 Kaggle 竞赛 Feedback Prize - Predicting Effective Arguments 任务为例，该任务属于结构化文本分类，该任务要求对一篇文章中的不同段落进行评级。任务输入/输出示例如图 4.6 所示。

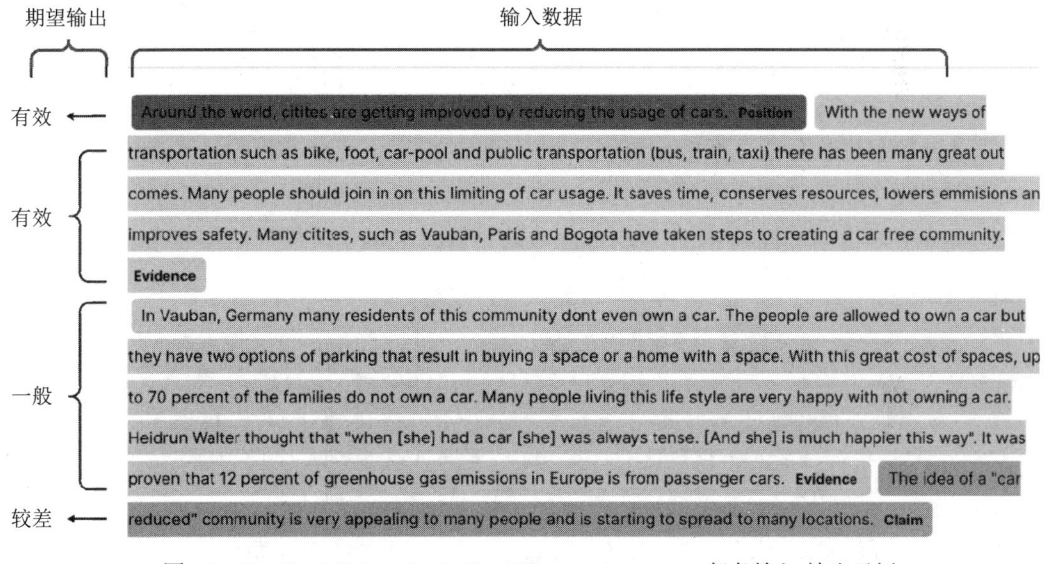

图 4.6　Feedback Prize - Predicting Effective Arguments 任务输入/输出示例

可以看到，每个段落除了文本本身外，都有对应的段落名，也有对应的起止位置，那么如何把这三者同时输给模型呢？最直接的思路是把全文中每一段的文本以及对应的分段类型通过[SEP]特殊符进行拼接输给模型，常用结构化文本分类任务输入方式示例如图 4.7 所示。

该思路一定程度上引入了分段类别的差异以及文本信息，但是忽略了分段之间的相对位置差异，例如，开头段通常在结尾段前面。此外，这种输入形式一次只能获取一个分段的类别，而同一篇文章不止有一个分段需要分类，因此该方法也会增加时间以及资源开销。

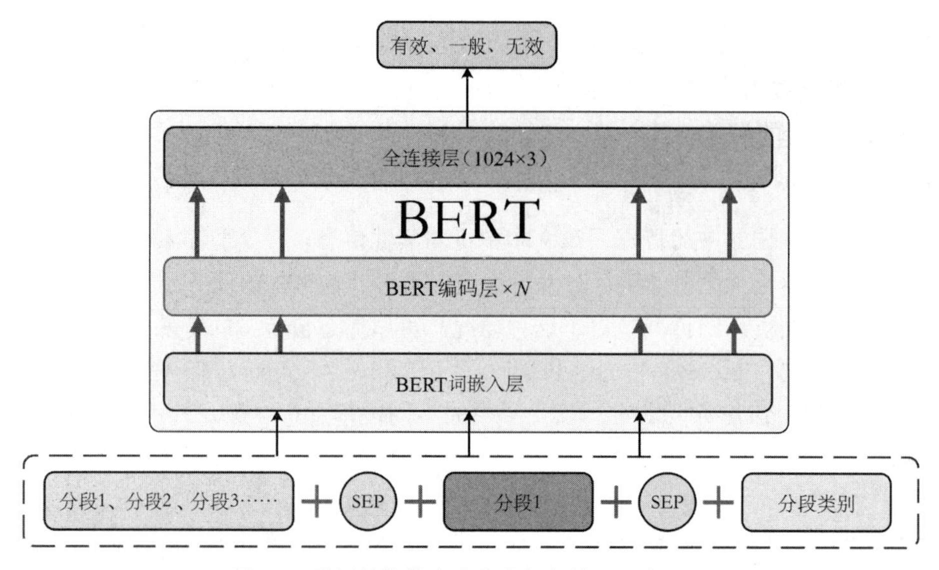

图 4.7　常用结构化文本分类任务输入方式示例

那么该如何引入分段之间的位置差异呢？可以定义两个特殊词“<开始>”和“<结束>”，分别嵌入在每个分段的起止位置，同时在每个分段的起止位置嵌入一次分段名称，保证分段类别差异信息不被丢掉。使用特殊词优化后的结构化文本分类任务输入方式示例如图4.8所示。

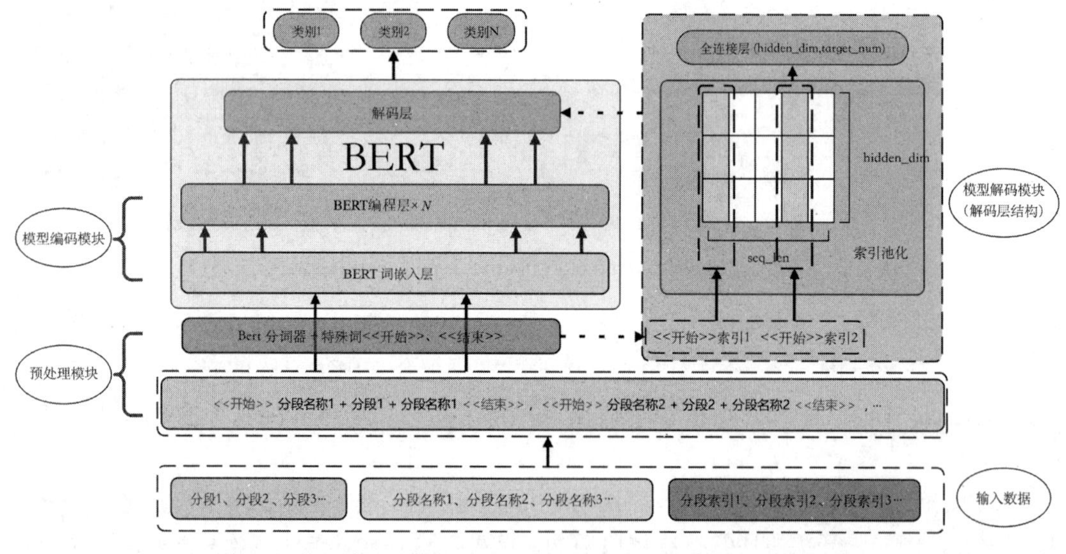

图 4.8　使用特殊词优化后的结构化文本分类任务输入方式示例

此外，还可以利用特殊词的位置来设计模型的 head 结构，一次性获取一篇文章中所有分段的分类结果。即根据“<开始>”特殊词在分词结果中的位置索引，从 neck 输出结果的 seq_len 维度取出多个形如 1×hidden_dim 的特征张量，分别使用单层全连接层进行降维后得到每个分段的类别输出，该方式解决了时间开销的问题。

注意：在添加特殊词时需要在分词器中提前添加，示例代码如下。

```
from transformers import AutoTokenizer
tokenizer = AutoTokenizer.from_pretrained('microsoft/deberta-v3-large')
special_tokens_dict = {'additional_special_tokens': ['<开始>','<结束>']}
tokenizer.add_special_tokens(special_tokens_dict)
```

4.6.5　任务内掩码语言建模

通常指在使用任务场景的有标注数据对预训练模型进行微调之前，先使用任务场景提供的文本数据对预训练语言模型进行掩码语言建模（mask language modeling，MLM）训练。该方法在多数情况下可以提高模型的收敛速度和训练效果。

因为该方法常用于文本数据量足够多（大于 10000）和单条文本长度较长（词数大于 100）的情况。在数据量小或文本常为短语的任务中，使用 MLM 可能无法充分学习到词间关系等知识，反而破坏了原本的预训练模型中的知识分布，导致训练效果变差。

此外，对于在构建模型输入/输出中采用了自定义特殊词的情况，使用任务内掩码语言建模也可以帮助模型预先学习自定义特殊词与上下文的基本关联，提高后续微调的效果。示例代码如下（本节参考资料见 https://www.kaggle.com/code/maunish/clrp-pytorch-roberta-pretrain）。

```
import pandas as pd

import warnings
warnings.filterwarnings('ignore')

from transformers import (AutoModel,AutoModelForMaskedLM,
                          AutoTokenizer, LineByLineTextDataset,
                          DataCollatorForLanguageModeling,
                          Trainer, TrainingArguments)

data = pd.read_csv('train.csv')
# transformers 库的 LineByLineTextDataset 类是根据“\n”从整段 txt 文本中进行拆分的，所以要把训练数据中的每一条文本以“\n”间隔后存入 txt 文本
text  = '\n'.join(data.text.tolist())
```

```
with open('text.txt','w') as f:
    f.write(text)
# 设置需要进行任务内掩码语言建模的预训练模型
model_name = 'roberta-base'
model = AutoModelForMaskedLM.from_pretrained(model_name)
tokenizer = AutoTokenizer.from_pretrained(model_name)
tokenizer.save_pretrained('./roberta-base')

train_dataset = LineByLineTextDataset(
    tokenizer=tokenizer,
    file_path="text.txt",              # 在这里指明训练用的文本文件
    block_size=256)                    # block_size 是指单条文本的最大 token 数量
# mlm_probability 是指随机掩码的 token 的比例，通常设置为 0.15
data_collator = DataCollatorForLanguageModeling(
    tokenizer=tokenizer, mlm=True, mlm_probability=0.15)

training_args = TrainingArguments(
    output_dir="./mlm_roberta-base",
    overwrite_output_dir=True,
    num_train_epochs=2,
    per_device_train_batch_size=16,
    evaluation_strategy= 'no',
    save_total_limit=2,
    load_best_model_at_end =True,
    prediction_loss_only=True,
    report_to = "none")

trainer = Trainer(
    model=model,
    args=training_args,
    data_collator=data_collator,
    train_dataset=train_dataset)

trainer.train()
trainer.save_model(f'./mlm-roberta-base')
```

4.6.6 多样本 dropout

多样本 dropout（multi-sample dropout，多样本随机失活）通常是指对模型的 neck 输出分别进行 n 个不同 dropout_probability 的 dropout，得到 n 个输出后再进行 n 次 head 计算得到 n 个输出结果，然后再对 n 个结果分别计算损失后平均得到最终损失。简单来说，类

似于将一个批次（batch）扩大了 *n* 倍。原始 dropout 与多样本 dropout 的对比如图 4.9 所示（论文网址为 https://arxiv.org/pdf/1905.09788.pdf）。

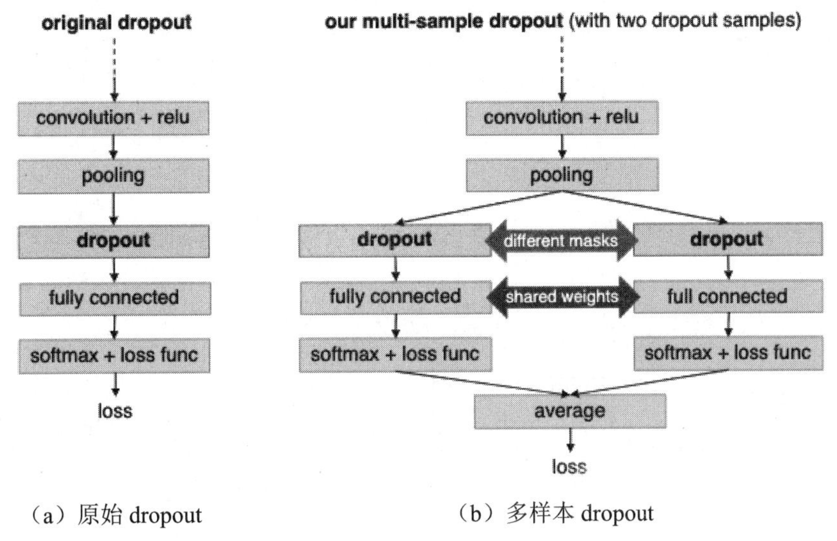

（a）原始 dropout　　（b）多样本 dropout

图 4.9　原始 dropout 与多样本 dropout 的对比

该方法通常可以提高模型的收敛速度和训练效果，但是会增加部分训练资源的开销，由于 dropout 通常不适用于回归任务，因此不建议在回归任务中使用该方法。

示例代码如下。

```
class Model(nn.Module):
    def __init__(self, cfg):
        super().__init__()
        self.cfg = cfg
        self.config = AutoConfig.from_pretrained(cfg.model_p, output_
hidden_states=True)
        self.model = AutoModel.from_pretrained(cfg.model_p, self.config)
        self.neck = Pooling()
        self.head = nn.Linear(self.config.hidden_size, 3)
        # 设置多个不同的 dropout
        self.dropout1 = nn.Dropout(0.1)
        self.dropout2 = nn.Dropout(0.2)
        self.dropout3 = nn.Dropout(0.3)
        self.dropout4 = nn.Dropout(0.4)
        self.dropout5 = nn.Dropout(0.5)

    # 为了便于理解，我们在模型内部定义损失计算方法
```

```
    def loss(self, outputs,labels):
        loss_fct = nn.CrossEntropyLoss()
        loss = loss_fct(outputs, labels)
        return loss

    def feature(self, inputs):
        outputs = self.model(**inputs)
        last_hidden_states = outputs[0]
        return self.neck(last_hidden_states)

    def forward(self, inputs, labels):
        neck_feature = self.feature(inputs)
        # 获取 neck 的输出后，分别计算五种 dropout 的结果
        output1 = self.head(self.dropout1(neck_feature))
        output2 = self.head(self.dropout2(neck_feature))
        output3 = self.head(self.dropout3(neck_feature))
        output4 = self.head(self.dropout4(neck_feature))
        output5 = self.head(self.dropout5(neck_feature))
        output = self.head(neck_feature)
        # 再分别对 dropout 后的结果计算损失并平均，得到最终损失
        loss1 = self.loss(output1,labels)
        loss2 = self.loss(output2,labels)
        loss3 = self.loss(output3,labels)
        loss4 = self.loss(output4,labels)
        loss5 = self.loss(output5,labels)
        loss = (loss1+loss2+loss3+loss4+loss5)/5
        return output, loss
```

4.6.7 模型权重初始化

通常指对于新定义的模型结构如 neck、head，使用预训练模型预设的参数初始化范围，对结构中包含的全连接层、嵌入层和层正则进行参数初始化。

该方法通常情况下可以提高模型在初始训练阶段的收敛速度，也能提高训练效果。适用于大部分情况，唯一需要注意的一点是，在不同模型的配置文件中，参数初始化范围对应名称可能不同，一般情况下为 initializer_range。

示例代码如下。

```
class Model(nn.Module):
    def __init__(self, cfg):
        super().__init__()
```

```
        self.cfg = cfg
        self.config = AutoConfig.from_pretrained(cfg.model_p, output_
hidden_states=True)
        self.model = AutoModel.from_pretrained(cfg.model_p, self.config)
        self.neck = Pooling()
        self.head = nn.Linear(self.config.hidden_size, 1)
        self._init_weights(self.neck) # 假设neck中含有需要初始化的层
        self._init_weights(self.head) # 在本示例中head为全连接层，属于初始化的
范畴
    # 定义初始化权重的方法
    def _init_weights(self, module):
        if isinstance(module, nn.Linear):
            module.weight.data.normal_(mean=0.0,
std=self.config.initializer_range)
            if module.bias is not None:
                module.bias.data.zero_()
        elif isinstance(module, nn.Embedding):
            module.weight.data.normal_(mean=0.0,
std=self.config.initializer_range)
            if module.padding_idx is not None:
                module.weight.data[module.padding_idx].zero_()
        elif isinstance(module, nn.LayerNorm):
            module.bias.data.zero_()
            module.weight.data.fill_(1.0)

    def feature(self, inputs):
        outputs = self.model(**inputs)
        last_hidden_states = outputs[0]
        return self.neck(last_hidden_states)

    def forward(self, inputs):
        neck_feature = self.feature(inputs)
        output = self.head(neck_feature)
        return output
```

4.6.8　动态填充

动态填充（dynamic padding）通常指在训练过程中，根据一个批次中所有文本相关输入的最大有效长度（通常使用 attention_mask 中 1 的个数来计算），对于该批次中的文本相关输入的长度进行动态的统一，包括 input_ids、attention_mask、token_type_ids 等。

该方法可以大幅节约模型运算的资源开销，提高训练和推理的速度。因为预训练模型

在处理文本相关输入时需要将长度统一，传统的方法是直接设置一个最大值，将所有文本相关输入都填充到相同长度，这样会导致模型的运算量增加。而动态填充根据每一个批次的最大长度进行填充，可以大大缓解这个问题。此外，该方法适用于大部分场景。

示例代码如下。

```
class DynamicPadding:
    def __init__(self, tokenizer, max_length=None):
        self.tokenizer = tokenizer
        self.max_length = max_length

    def __call__(self, inputs):
        max_length = max(sum(_["attention_mask"]) for _ in inputs)
        max_length = min(max_length, self.max_length) if self.max_length is
not None else max_length

        output = self.tokenizer.pad(encoded_inputs=inputs,
                                    max_length=max_length,
                                    padding=True,
                                    pad_to_multiple_of=None,
                                    return_tensors="pt")

        return output
```

4.6.9　根据文本词数顺序推理

通常指在推理阶段将文本处理成输入前，先统计每条文本输入的词数，按照词数对所有输入数据进行排序后再分别使用模型推理。

该方法可以节约模型推理阶段的资源开销，提高模型的推理效率。但是需要注意，在推理结束后需要按照原来的顺序重新将预测结果与之一一对应，避免出现顺序混乱。

示例代码如下。

```
import pandas as pd
from transformers import AutoTokenizer
test = pd.read_csv('test.csv')
submission = pd.read_csv('sample_submission.csv')

pre_tokenizer = AutoTokenizer.from_pretrained('microfost/deberta-v3-large')

test['tokenize_length'] = [len(pre_tokenizer(text)['input_ids']) for text
in test['full_text'].values]
```

```
test = test.sort_values('tokenize_length', ascending=True).reset_
index(drop=True)

# 此处省略模型推理的部分，假设 predictions 为推理结果
test['predictions'] = predictions
# 由于 test 中的数据顺序已经与样本 submission 中不同，所以需要重新对应起来
submission = submission.merge(test[['text_id','predictions']],
on='text_id', how='left')
```

4.6.10　梯度检查点

通常指在训练阶段使用 transformers 库提供的 gradient_checkpoint 方法，牺牲一部分（大约 20%）训练效率，减少训练的显存开销。

该方法并不适用于所有情况，需要根据 transformers 库是否支持所使用的预训练模型类型而定（参考资料见 https://huggingface.co/docs/transformers/main/en/perf_train_gpu_one#gradient-checkpointing）。

示例代码如下。

```
from torch.utils.checkpoint import checkpoint
class Model(nn.Module):
    def __init__(self, cfg):
        super().__init__()
        self.cfg = cfg
        self.config = AutoConfig.from_pretrained(cfg.model_p, output_
hidden_states=True)
        self.model = AutoModel.from_pretrained(cfg.model_p, self.config)
        self.model.gradient_checkpointing_enable()  # 启用梯度检查点
        self.neck = Pooling()
        self.head = nn.Linear(self.config.hidden_size, 1)

    def feature(self, inputs):
        outputs = self.model(**inputs)
        last_hidden_states = outputs[0]
        return self.neck(last_hidden_states)

    def forward(self, inputs):
        neck_feature = self.feature(inputs)
        output = self.head(neck_feature)
        return output
```

4.6.11 拓展模型输入长度限制

通常指将原本不支持长文本输入的预训练语言模型转换为支持全局稀疏注意力（local sparse attention，LPA）的变体，以支持自定义长度的文本输入。

该方法可以解决一部分绝对位置编码模型不支持处理超出指定长度词数文本的问题，但是目前开源库已支持的预训练模型种类较少，以 lsg-converter 为例，目前支持的模型包括 RoBERTa、Albert、Bart、BARThez、BERT、CamemBERT 等。

1. 将预训练模型转为 LSG 版本

示例代码如下（网址为 https://github.com/ccdv-ai/convert_checkpoint_to_lsg）。

```
!pip install lsg-converter
from lsg_converter import LSGConverter

converter = LSGConverter(max_sequence_length=4096)

# 例子 1
model, tokenizer = converter.convert_from_pretrained("bert-base-uncased")
print(type(model))
# <class 'lsg_converter.bert.modeling_lsg_bert.LSGBertForMaskedLM'>
```

2. 使用 AutoModel 载入 LSG 版本的模型

示例代码如下。

```
config = AutoConfig.from_pretrained(model_path,trust_remote_code=True)
model = AutoModel.from_config(config,trust_remote_code=True)
```

第 5 章 自然语言处理：实战篇

EMNLP 是一项在自然语言处理领域颇具声望的国际会议，由国际计算语言学协会（the Association for Computational Linguistics，ACL）的 SIGDAT 小组负责举办，该会议每年举办一次，以其在计算语言学领域的显著影响力，在全球范围内排名第二。

本章将聚焦于由清华大学和中国移动联合主办的 2022 年 EMNLP 半监督与强化学习对话系统挑战赛（见图 5.1）为例（竞赛地址为 http://seretod.org/），讲解基于对话数据的信息抽取竞赛的实战案例。

Towards Semi-Supervised and Reinforced Task-Oriented Dialog Systems
Co-located with EMNLP 2022
Home

图 5.1　EMNLP 2022 半监督和强化对话系统挑战赛

5.1　赛题背景

面向任务的对话（task-oriented dialog，TOD）系统由于标记数据的稀缺阻碍了其大规模的有效开发，未标记数据通常以多种形式获得，如人与人对话、开放域文本语料库和非结构化知识文档。各类半监督和强化方法包括预训练（pre-training）、自训练（self-training）、自监督（self-supervised）、弱监督（weakly-supervised）、零样本/少样本的迁移学习（transfer learning for zero-shot or few-shots）、隐变量建模（latent-variable modeling）、领域自适应

（domain adaptation）、数据增强（data augmentation）、强化学习（reinforcement learning）等方法，以上方法均具有较大的应用潜力。

本次竞赛的目的便是运用各类人工智能技术构建 TOD 系统知识库和对话系统。本挑战赛聚焦半监督和强化对话系统，不仅关注任务相关知识的提取——对话数据的信息提取；还关注对话系统本身的构建——客服场景任务型对话系统的构建。因此分为两个赛道：赛道一是信息提取任务，数据来源为客服对话；赛道二是对话系统构建（任务型）。

本文旨在介绍赛道一（即基于对话资料的信息提取任务），该赛道聚焦于从对话中提取实体和填充槽值两个核心环节。在真实的客户服务对话场景中，实体可能以多种形式出现，准确地识别并提取这些实体是构建对话系统知识库的关键一步；接下来进一步需要通过填充槽值，提取实体在语义槽位的槽值。

5.2 数据介绍

大赛提供了中国移动客服对话（mobile customer-service dialog，MCSD）数据，MCSD 数据集来源于现实世界的真实对话场景，包含数据安全过滤后近十万个用户与运营商客服间的咨询类对话日志，是迄今为止首个十万量级面向任务的多领域公开人人对话数据集，为促进对话大模型、口语化人人对话系统、数据驱动的体系化对话分析等研究目标，提供有力的数据支撑，更有助于人机对话模型的创新及研究范式的突破。

竞赛官方共提供了三部分数据集，分别是 8975 条训练数据集、1025 条验证数据集和 962 条测试数据集，其中训练数据集是粗标数据，验证数据集和测试数据集为精标数据。官方根据选手需要提交测试集的预测结果作为最终排名依据，测试集标签不公布。每个样本均为多轮对话框。如图 5.2 所示为某样本中的某一轮对话数据。

实体抽取的标签为 NA、业务、数据业务、流量包、套餐、附加套餐、主套餐、4G 套餐长途业务、国际漫游业务 9 类。

槽值填充的标签为 NA、用户状态、业务时长、流量范围、业务费用、流量总量、流量余额、业务规则、办理渠道、持有套餐、用户需求、通话时长、国内主叫、账户余额、国内被叫、套餐外流量计费、通话范围、账户余额（欠费）、隶属业务、套餐外通话计费、扣费日期、短信、计费方式、互斥业务、流量封顶 25 类。

```
{
  "id": "94bba9d63c097df1800482d827287e47",
  "content": [
    {
      "[SPEAKER 1]": "你好，很高兴为您服务",
      "[SPEAKER 2]": "唉你好，我想问一下，我想办那个半年_六个G那个包，我想问问那个包那个不是属于全国漫游嘛",
      "客服意图": "问候",
      "用户意图": "问候,求助-查询（ent-1-流量范围）",
      "info": {
        "ents": [
          {
            "name": "半年_六个G那个包",
            "id": "ent-1",
            "type": "流量包",
            "pos": [
              [
                2,
                15,
                24
              ]
            ]
          }
        ],
        "triples": [
          {
            "ent-id": "ent-1",
            "ent-name": "半年 六个G那个包",
            "prop": "业务时长",
            "value": "半年",
            "pos": [
              2,
              15,
              17
            ]
          },
          {
            "ent-id": "ent-1",
            "ent-name": "半年 六个G那个包",
            "prop": "流量总量",
            "value": "_六个G",
            "pos": [
              2,
              17,
              21
            ]
          }
        ]
      }
    },
```


图 5.2　训练数据中某一轮对话数据示例

5.3 评价指标

大赛官方将根据在测试集上的提取性能来评估所提交的模型，评估指标是基于 F1。评估分数涉及以下两个方面。

（1）对于实体抽取，当且仅当实体的跨度标记及实体类型正确识别，才算正确提取。

（2）对于槽位填充，当且仅当槽值的跨度标记及槽值类型正确识别，并且槽值被正确地分配给相应的实体，才算正确提取。官方通过使用匈牙利算法找到提取的实体和标签之间的最佳匹配来衡量槽值填充的性能。此阶段需通过生成三元组(实体, 槽值, 槽值位置)评分。

实体抽取和槽位填充的平均 F1 分数将成为排行榜的最终分数。

5.4 冠军方案

在本次竞赛中，冠军方案的设计思路如图 5.3 所示。

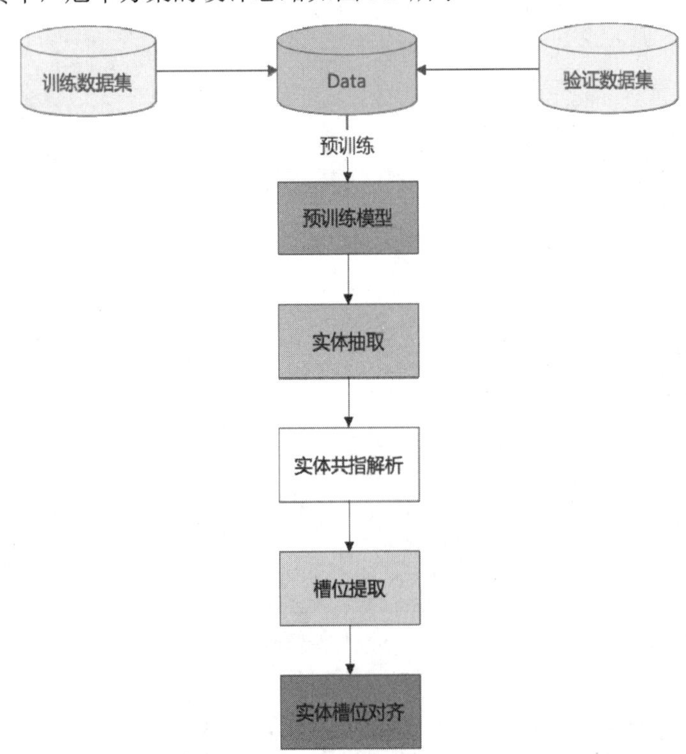

图 5.3　训练流程图

整体的流程（pipeline）包括 4 个部分，分别为实体抽取、实体共指解析、槽位提取和实体槽位对齐。首先设计预训练任务，在训练和验证数据集上进行预训练；然后在模型阶段设计实验选择合适特征抽取网络（backbone）及解码网络（head），使用预训练的参数初始化并进行微调；最终通过集成多个模型来进一步提高效果。

5.4.1　解码网络

1. 实体抽取和槽位提取

训练数据中存在较多嵌套实体，我们采用首尾指针形式预测实体的网络 GlobalPointer（参考 https://spaces.ac.cn/archives/8373），更有“全局观”，无差别地识别嵌套实体和非嵌套实体。

对于任意句子，GlobalPointer 构造一个上三角矩阵来遍历所有有效的 span，如图 5.4 所示，每一个格子对应一个实体 span。设输入序列长度为 n，则候选实体数量为 $n(n+1)/2$，真实实体个数为 $n(n+1)/2$ 中的 k 个。设有 m 个实体类型，那么 GlobalPointer 解码可简化为“m 个从 $n(n+1)/2$ 候选实体中选 k 个正确实体”的多标签分类问题。

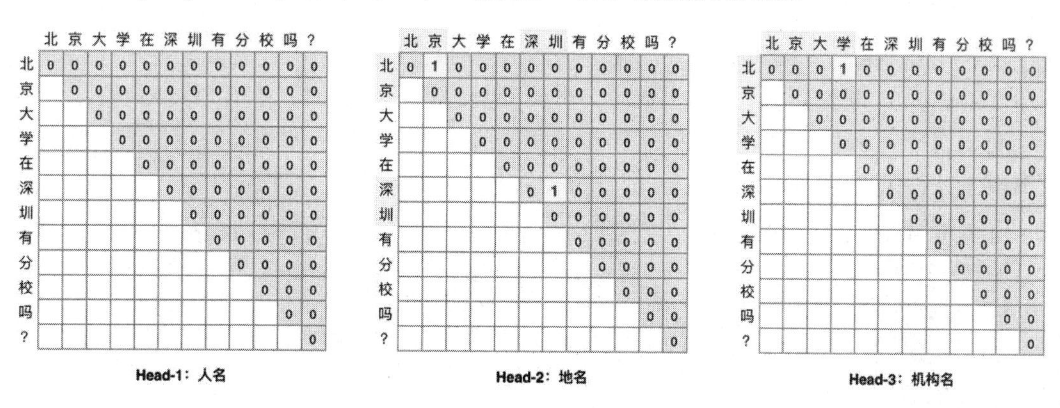

图 5.4　GlobalPointer 指针识别

GlobalPointer 采用的指针设计理念相较于传统的条件随机场（conditional random field，CRF）模型来说，展现了更为合理的特性。在实际应用中，GlobalPointer 训练时无须像 CRF 那样递归计算分母，预测时也不依赖于动态规划算法。这种设计使得其处理过程能够完全并行化，理论上达到了 $\boldsymbol{O}(1)$的时间复杂度，显著提高了效率。

如果 GlobalPointer 解码过程采用二分类会有严重的数据不平衡问题，因此将它转换为多标签分类的损失函数。在实体抽取阶段的负样本较多，模型精确率较低，因此我们分配了正负样本在损失函数中的权重系数。

```
# y_true 为真实标签，y_pred 为预测标签
y_pred = (1 - 2 * y_true) * y_pred
y_pred_neg = y_pred - y_true * 1e12
y_pred_pos = y_pred - (1 - y_true) * 1e12
zeros = torch.zeros_like(y_pred[..., :1])
```

```
y_pred_neg = torch.cat([y_pred_neg, zeros], dim=-1)
y_pred_pos = torch.cat([y_pred_pos, zeros], dim=-1)
neg_loss = torch.logsumexp(y_pred_neg, dim=-1)
pos_loss = torch.logsumexp(y_pred_pos, dim=-1)
# 负样本损失系数小于正样本损失系数
return (0.4*neg_loss + 0.6*pos_loss).mean()
```

2. 实体共指解析

在本次竞赛中我们需将上一阶段实体抽取得到的结果进行分类聚合，识别出上下文中不同表述的同一实体 id 化，这就是实体共指解析的过程。我们采用了基于深度学习的端到端（end to end）模型，利用 word embedding 获取实体的最大池化和平均池化特征来进行解码。

3. 实体槽位对齐

本次竞赛 pipeline 的最后一个模块是实体槽位对齐任务，简而言之就是把抽取到的槽值分配给相应的实体，这样便可生成最终需要提交的三元组(实体, 槽值, 槽值位置)。

首先选择任意两个相对距离最近的实体和槽值，并在输入端做相关符号标记，然后通过 BERT 获得[CLS]特征做一个二分类任务。符号标记过程的代码如下。

```
sorted_entities = sorted(entities, key=lambda e: e["position"][0])
marked_text = []
curr_pos = 0
for ent in sorted_entities:
    # 槽值标记
    if ent["type"] == "triple":
        markers = ["<slot>", "</slot>"]
    # 实体标记
    elif ent["type"] == "entity":
        markers = ["<entity>", "</entity>"]
    # 用户属性标记
    elif ent["type"] == "user":
        markers = ["<user>", "</user>"]
    else:
        raise ValueError()
    marked_text.extend(text[curr_pos:ent["position"][0]])
    marked_text.append(markers[0])
    marked_text.extend(text[ent["position"][0]:ent["position"][1]])
    marked_text.append(markers[1])
    curr_pos = ent["position"][1]
if text[curr_pos:]:
    marked_text.extend(text[curr_pos:])
return "".join(marked_text)
```

训练过程使用 focal loss 解决样本不平衡的问题，如下为训练和预测的解码过程的相关代码。

```
# 选取 BERT 的[CLS]特征
hidden_state = self.aggregation(hidden_states)
# 768 维-2 维
logits = self.cls_head(hidden_state)
# 计算损失
loss = None
if labels is not None:
    loss_fn =MyFocalLoss(gamma=0.5, alpha=1)
    loss = loss_fn(logits, labels)
return dict(loss=loss, logits=logits)
```

5.4.2　特征抽取网络

当构建一个多模型集成系统时，选择多个不同的预训练模型可以提供更丰富的模型多样性，从而增加整体性能和鲁棒性。

我们选择了基于旋转位置编码（rotary position embedding，RoPE）的网络 RoFormer（https://huggingface.co/junnyu/roformer_v2_chinese_char_base）。旋转位置编码是一种配合注意力机制达到“绝对位置编码的方式实现相对位置编码”的设计，此模型在训练过程中表现最为优异。另外还选择了如下几个模型来增加差异性。

（1）DeBERT（https://huggingface.co/IDEA-CCNL/Erlangshen-DeBERTa-v2-97M-Chinese）：DeBERTa 是一种基于自注意力机制的预训练模型，它采用了类似于 BERT 的架构，但引入了更多的注意力机制改进，它在中文任务中表现出色。

（2）RoBERTa（https://huggingface.co/hfl/chinese-roberta-wwm-ext）：通过采用动态掩码和文本编码方式进行训练，是 BERT 模型更为精细的调优版本。

（3）MacBERT（https://huggingface.co/hfl/chinese-macbert-base）：通过用相似的单词掩码，减轻了预训练和微调阶段两者之间的差距，这已被证明对下游任务是有效的。

（4）NEZHA（https://huggingface.co/sijunhe/nezha-base-wwm）：采用了函数式相对位置编码、全词覆盖和混合精度训练的方式对 BERT 模型进行了改进。

5.4.3　掩码预训练

掩码预训练是一种用于自然语言处理任务的预训练方法，旨在让模型学会理解和生成文本的上下文关系。输入的文本序列中的一些单词会被随机掩盖或替换为特殊的占位符，如"[MASK]"。模型的任务是预测这些掩盖单词的原始值。这样的预测任务迫使模型去理解上下文中的语义和语法，以便正确地填补掩盖的单词。

掩码语言模型的优点如下。

☑ 上下文理解：通过掩盖预测任务迫使模型学会理解和建模文本中的上下文关系。

☑ 迁移学习：通过预训练得到的通用表示可以迁移到多个下游任务，避免了从零开始训练的需求。

☑ 效果提升：在很多自然语言处理任务上取得了显著的性能提升，尤其是在语义理解和语言生成方面。

我们采用 BERT 的上游任务——掩码语言模型做预训练，采用的掩码率为 0.3。预训练过程均选择的 base 模型，预训练 epoch 设定为 5，学习率设定为 2e-5，优化器为 AdamW，使用交叉熵计算相关损失。

对文本数据进行随机掩码的 data collator 代码如下。

```
# 文本数据进行随机掩码的 data collator
data_collator = DataCollatorForLanguageModeling(tokenizer=tokenizer,
mlm_probability=args.mlm_probability)
```

5.4.4 训练技巧

1. *k* 折交叉验证

我们将训练用数据分成 4 折做交叉验证，并采用了折外预测评估模型的泛化性能。在重采样的交叉验证过程中，折外预测涉及对每一分折中的测试集进行预测。这种方法确保了训练数据集中的每个样本至少被预测一次。具体来说，将每一分折作为测试集时产生的预测结果被收集起来，形成一个综合列表。这个列表累积了所有作为测试集样本的预测结果。当所有分折的模型训练并进行预测后，可以利用这个汇总列表评估整体模型的准确率。这样做的好处是验证数据够多，更能突出模型的泛化性能。

k 折交叉验证的过程如下。

（1）将数据划分为（大致）相等的 *k* 部分，每一部分叫作折（fold）。

（2）训练一系列模型，每折轮流作为测试集评估精度，其他作为训练集训练模型。

2. 精标数据的使用

我们发现训练数据和验证数据存在较大的类别分布差异，并且训练数据标注质量差、测试数据和验证数据分布类似，基于以上两点原因，需要将这批精标验证数据加入训练过程中，提升模型的泛化性，并设定训练过程中的数据权重。

3．上下文信息的引入

训练数据中存在较多的信息匮乏，如图 5.5 所示为某一训练样例，只有通过添加上下文信息，才能明确抽取的实体“二十八的”所代表的实体类型是“套餐”还是“4G 套餐”。因此我们联想到 BERT 的自注意力机制，设法将整轮对话内容与当前对话信息拼接作为输入，增强每个字的释义。

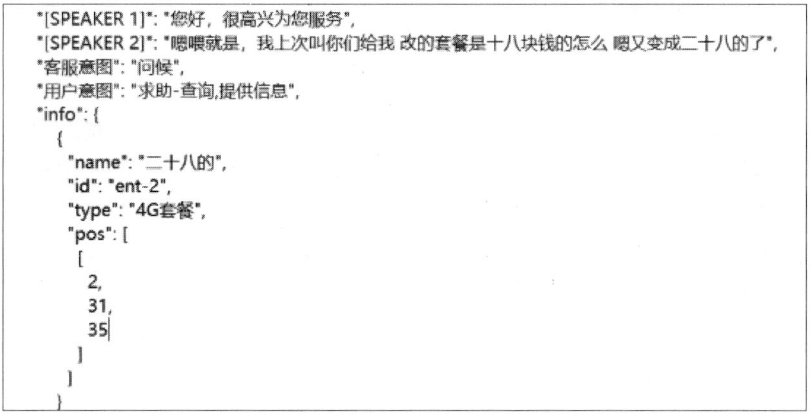

```
"[SPEAKER 1]": "您好，很高兴为您服务",
"[SPEAKER 2]": "嗯喂就是，我上次叫你们给我 改的套餐是十八块钱的怎么 嗯又变成二十八的了",
"客服意图": "问候",
"用户意图": "求助-查询,提供信息",
"info": {
  {
    "name": "二十八的",
    "id": "ent-2",
    "type": "4G套餐",
    "pos": [
     [
       2,
       31,
       35
     ]
    ]
  }
```

图 5.5　训练数据样例一

由于将当前对话内容和全局上下文拼接作为输入，因此将所有字符均进行 attention_mask 送入 BERT。然而，全局上下文信息仅用作增强内容，不参与计算，因此我们屏蔽上下文信息来计算有效损失，如图 5.6 所示。

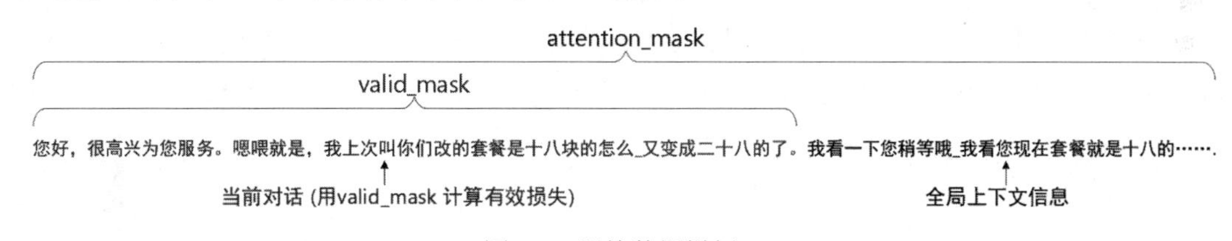

图 5.6　训练数据样例二

4．按字符拆解上下文

由于官方数据是将口语化语音信息转换成文本，因此存在大量口语化的表达方式，并且有很多与地名和特殊术语相关的拼音表达方式，BERT 中文分词器对于拼音的分词会采用英文规则，因此存在大量词根，并且拆解出的单词也失去了拼音的原始含义。因此首先将上下文拆分为单个字符，然后将其送到 BERT 分词器。如图 5.7 所示，对话内容中存在“甘肃”的拼音表达方式 gansu，并且地名“甘肃”对于模型理解上下文信息是比较重要的，我们将其拆解为单个字符送入 BERT 分词器。

```
"[SPEAKER 1]": "啊，好的，我明白了，就是说，嗯，给您打电话来说叫您改成那个全球通那个卡，是吧",
"[SPEAKER 2]": "我不知道，[那-gansu-local]，让我改，改着，呃 ，套餐，",

"[SPEAKER 1]":'啊', '，', '好', '的', '，', '我', '明', '白', '了', '，', '就', '是', '说', '，', '嗯', '，', '给', '您', '打
', '电', '话', '来', '说', '叫', '您', '改', '成', '那', '个', '全', '球', '通', '那', '个', '卡', '，', '是', '吧'

"[SPEAKER 2]": '我', '不', '知', '道', '，', '[', '那', '-', 'g', 'a', 'n', 's', 'u', '-', 'l', 'o', 'c', 'a', 'l', ']', '，',
'让', '我', '改', '，', '改', '着', '，', '呃', ' ', '，', '套', '餐', '，'
```

图 5.7 将对话内容拆解为字符

5．优化器和学习率选择

1）实体抽取和槽位提取

训练时，首先加载预训练阶段的解码权重，使用 Adam 优化器，选择多标签交叉熵作为损失函数，学习率初始化为 2e-5，并采用余弦退火的学习率调整策略，共训练 5 个 epoch。

训练代码如下。

```
optimizer = torch.optim.Adam(model.parameters(), lr=CFG.learning_rate)

# 最大迭代次数
T_max = 500
# 最小学习率
min_lr = 1e-6
scheduler=torch.optim.lr_scheduler.CosineAnnealingLR(optimizer,T_max=T_
max, eta_min=min_lr)
```

2）实体共指消解和实体槽位对齐任务

训练时，首先加载预训练阶段的解码权重，使用 AdamW 优化器，学习率初始化为 4e-5，并采用分层学习率，即 BERT 层和线性层分别设定不同的学习率，共训练 10 个 epoch，并采用学习率预热策略，相关代码如下。

```
no_decay = ["bias", "LayerNorm.bias", "LayerNorm.weight"]

optimizer_grouped_parameters = [
    {'params': [p for n, p in train_model.encoder.named_parameters() if
not any(nd in n for nd in no_decay)],
     'lr': args.learning_rate, 'weight_decay': 0.01},
    {'params': [p for n, p in train_model.encoder.named_parameters() if
any(nd in n for nd in no_decay)],
     'lr': args.learning_rate, 'weight_decay': 0.0},
    {'params': [p for n, p in train_model.named_parameters() if "bert"
not in n],
     'lr': 2e-4, 'weight_decay': 0.0}
]
# 优化器
```

```
optimizer = AdamW(optimizer_grouped_parameters, lr=args.learning_rate,
eps=args.min_num)
# 线性预热学习
scheduler = get_linear_schedule_with_warmup(
optimizer, num_warmup_steps=args.warmup * t_total, num_training_steps=
t_total)
```

5.4.5　模型集成

1．模型集成评价方式

使用折外预测评估模型的泛化性能和构建集成模型。将每个模型的预测聚合成一个列表，这个列表中包含了每组训练时作为测试集的保留数据的汇总。在所有的模型训练完成后，将该列表进行加权平均作为得到单个的准确率分数。

2．GlobalPointer 概率融合

GlobalPointer 解码阶段生成了四维矩阵，具体维度为 batch×type_num×L×L，其中 type_num 为类别数量，L 为训练过程的字符最大长度，设定 L 长度为 256 或 384，如果将所有预测的批次整合到一起，将得到一个占用内存极大的四维矩阵，并且在模型融合过程会加剧此问题的严重性。

经过研究发现，实体提取和槽位提取阶段训练集中实体的最大长度分别为 20 和 50，即 L×L 的矩阵中存在大量冗余信息，我们可以按照实体最大长度将矩阵错位截断，那么 256×256 的矩阵将缩小为 256×20 或 256×50，内存占用量将大幅减小。

实现过程如下。

初始化一个 sample_num×type_num×L×max_lengh_entity 的 Numpy 矩阵，其中 sample_num 为测试集样本数量，max_lengh_entity 为最大实体长度。如图 5.8 所示为实体抽取阶段模型概率融合及解码过程（按照实体最大长度 20 对预测矩阵错位截断，获得有效概率），首先初始化一个 sample_num×type_num×256×20 大小的全 0 矩阵，然后将每个模型得到的预测结果 type_num×256×256 按照最大长度 20 错位截断获得矩阵大小 sample_num×type_num×256×20，并填充到初始化全 0 矩阵中。最后通过平均概率的方式得到最终结果。

初始化概率矩阵的相关代码如下。

```
# 初始化概率矩阵
data = json.load(open(eval_file))
sample_num = 0
for item in tqdm(data, desc="Reading" ):
    sample_num += len(item["content"])
```

```
prob_result = np.zeros((sample_num,ENT_CLS_NUM,256,ner_maxlen),dtype=
np.float32)
```

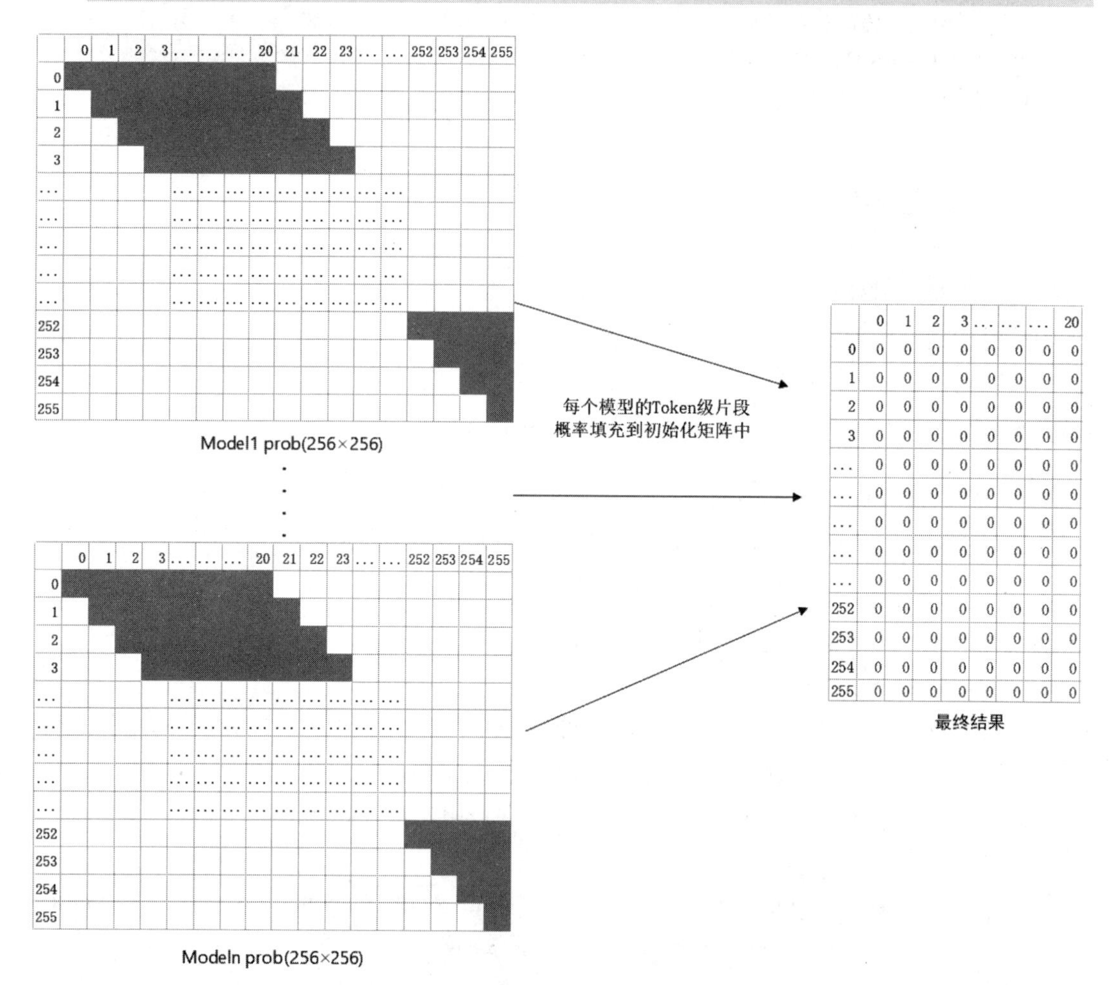

图 5.8　实体抽取阶段模型概率融合及解码过程

错位截断矩阵及填充初始化概率矩阵的代码如下。

```
# 获得预测概率矩阵
pred_prob = logits.sigmoid()
# 获取当前批次大小
sample_num = pred_prob.shape[0]
max_len = min(pred_prob.shape[2],256)
start_index = batch_tag*batchsize
```

```
for i in range(max_len):
    span = min(20,max_len-i)
    # 填充初始化概率矩阵 prob_result
    prob_result[start_index:start_index+sample_num,:,i,:span]+=pred_prob
[:,:,i,i:i+span].cpu().detach().numpy()
```

3. 模型集成结果

1）实体抽取

我们发现输入文本的最大长度（max_lengh）不同，得到的训练模型进行融合能够获得较大的收益。另外我们使用了训练速度更快的 GlobalPointer 版本 Efficient GlobalPointer 来增加模型融合过程的差异性。使用不同的 backbone，4 折交叉验证（cross-validation）分数最高为 0.557，多模型融合分数为 0.570，融合分数相比单模型有较大提升。实体抽取单模型及融合折外预测分数如表 5.1 所示。

表 5.1　实体抽取单模型及融合折外预测分数

backbone	head	max_lengh	4 折折外预测分数	融合折外预测分数
Roformer	Efficient GlobalPointer	384	0.557	0.570
DeBERTa	GlobalPointer	280	0.556	
NEZHA	GlobalPointer	256	0.547	
RoBERTa	GlobalPointer	256	0.547	
MacBERT	GlobalPointer	256	0.549	

2）槽位提取

训练过程使用不同的 backbone，4 折交叉验证分数最高为 0.607，多模型融合分数为 0.616，融合分数相比单模型有较大提升。详细结果如表 5.2 所示。

表 5.2　槽位提取单模型及融合折外预测分数

backbone	head	max_lengh	4 折折外预测分数	融合折外预测分数
Roformer	GlobalPointer	256	0.607	0.616
NEZHA	GlobalPointer	256	0.605	
RoBERTa	GlobalPointer	256	0.600	
MacBERT	GlobalPointer	256	0.602	

完整代码实现见 https://github.com/poteman/DataMiningCompetitionInAction/tree/main/%E7%AC%AC5%E7%AB%A0-%E8%87%AA%E7%84%B6%E8%AF%AD%E8%A8%80%E5%A4%84%E7%90%86%E7%AB%9E%E8%B5%9B%E5%AE%9E%E6%88%98。

第 6 章 计算机视觉（图像）：理论篇

计算机视觉的主要目的是使计算机理解图像数据中的内容，即用摄影机和电脑代替人眼对目标进行识别、跟踪和测量等，并进一步做图形处理。本章主要关注静态图像任务，视频任务将在第 8 章讨论。此类任务的输入形式为三维图像数据（图像的高、图像的宽、通道数），常见的任务类型如下。

（1）分类，即为输入图像赋予唯一的标签。

（2）语义分割，判断图像中的每个像素的分类。

（3）目标检测，即检测输入图像中的特定目标，并以矩形框的形式框定目标所在位置。

（4）实例分割，在目标检测的基础上更进一步，即检测输入图像中的目标，并鉴别每个目标的具体像素。

一般来说，基于深度学习的图像任务可使用如图 6.1 所示的通用流程进行处理。本章首先对这个流程中的各个部分进行介绍，然后介绍一些通用的技巧，最后针对不同任务进行展开，介绍常用的模型、损失函数和各种技巧。

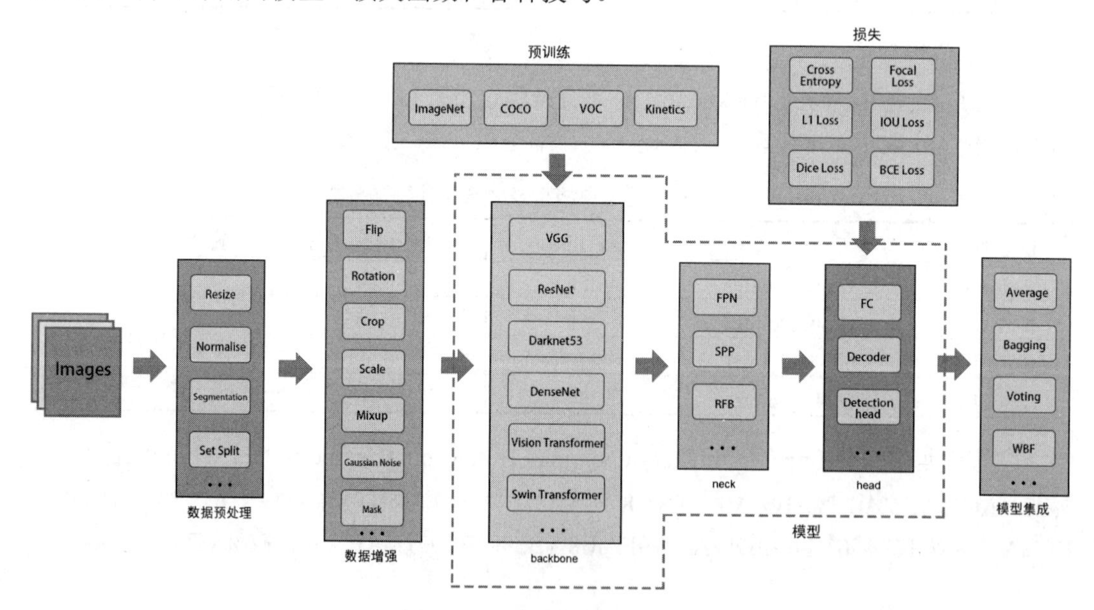

图 6.1　视觉任务的通用流程

6.1 通用流程

6.1.1 数据预处理

数据预处理是指对数据进行一定规则的处理，使其更易于后续的分析和计算处理。预处理分为离线预处理与在线预处理。

离线预处理指对数据事先进行手工处理。在数据集不够好的时候，通过人为对数据进行干预，使数据更易于模型的学习。其中包括人工指定规则进行的数据清理，如使用 cleanlab 等工具、算法或手工清洗噪音样本（noisy label）、类别合并、相近或重复的样本删除、异常样本删除、大图像进行 ROI Crop（剪切图像中无关区域）等；对于类别不平衡的数据进行过采样或欠采样来调整分布；离线图像增强，如 intensity normalization、高通滤波、颜色增强等。

在线预处理指在训练和推理时，提前对载入的图像进行一定的处理，使之符合网络的输入格式或加快收敛速度。

下面的代码给出了一个简单的基于 torchvision 的图像在线预处理示例。

```
import torchvision.transforms as transforms
from PIL import Image

norm_mean = [0.485, 0.456, 0.406]
norm_std = [0.229, 0.224, 0.225]
# ImageNet mean & std

transform = transforms.Compose([
    transforms.Resize(256),      # 调整图像尺寸
    transforms.CenterCrop(224), # 中心裁剪
    transforms.RandomFlip()      # 随机翻转的数据增强，将在 6.1.2 节中详述
    transforms.ToTensor(),       # 转换为张量
    transforms.Normalize(norm_mean, norm_std), # 归一化
])

img_rgb = Image.open(img_path).convert('RGB')
img_t = transform(img_rgb)
```

6.1.2 数据增强

数据增强是一种通过对原始数据进行变换组合等的操作，产生更多的数据来人工扩展训练数据集的技术。深度学习模型一般需要足够的训练数据进行训练，在数据有限时，通过数据增强策略可以大大扩充数据量，在实战中往往能够显著地提高训练的效果。

下面介绍几种常见的数据增强方法和对应代码。

图 6.2 所示为原始图像，下面将展示经过一系列数据增强后得到的图像以说明不同数据增强方法的原理。

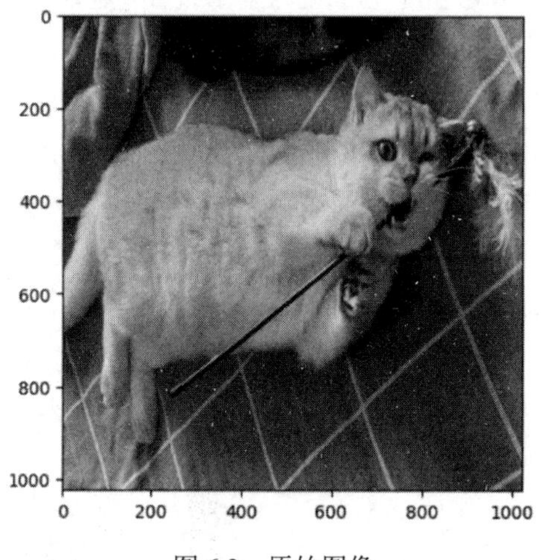

图 6.2　原始图像

1．flip

对图像应用随机的水平/垂直翻转，代码如下。

```
from torchvision import transforms

hflip = transfoms.RandomHorizontalFlip(p=0.5)
vflip = transforms.RandomVerticalFlip(p=0.5)

img_hflip = hflip(img)
img_vflip = vflip(img)
```

增强后的图像如图 6.3 所示。

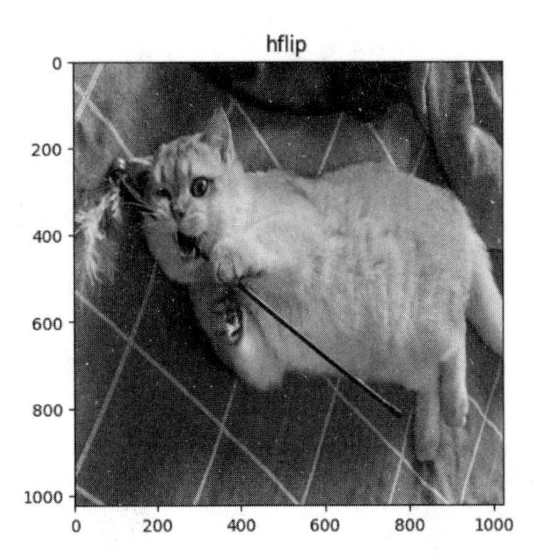

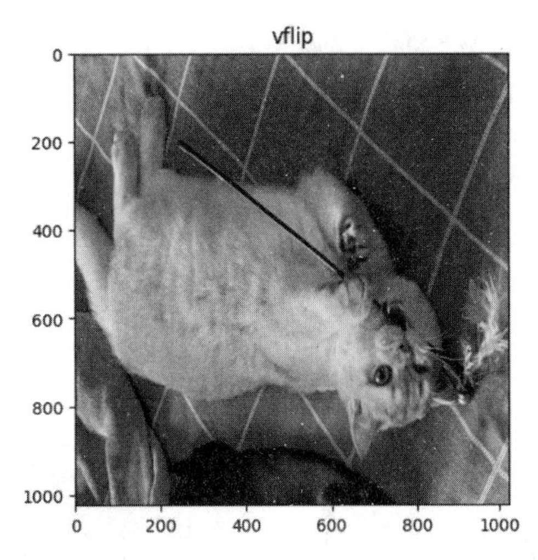

图 6.3　随机翻转后的图像

2．rotation

对图像应用随机的角度旋转，代码如下。

```
from torchvision import transforms
rot = transfoms.RandomHorizontalFlip(degrees=(-180,180))
img_rot = rot(img)
```

增强后的图像如图 6.4 所示。

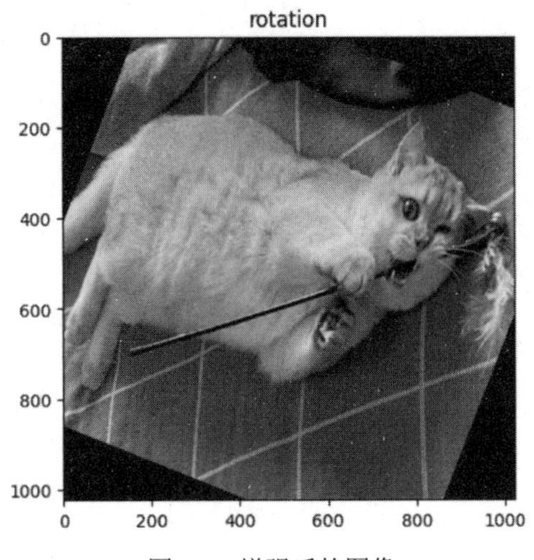

图 6.4　增强后的图像

3．crop

对图像进行随机的裁剪，这种做法可能会影响图像本身的语义信息，注意，对于检测和分割任务，应当对 label 进行同样的裁剪，代码如下。

```
from torchvision import transforms
crop = transforms.RandomCrop(size=(224, 224))
img_crop = crop(img)
```

随机裁剪后的图像如图 6.5 所示。

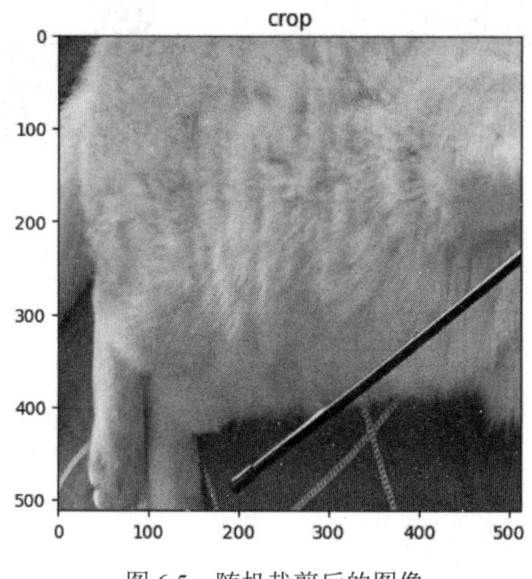

图 6.5　随机裁剪后的图像

4．mixup

叠加两张不同的图像加权求和，并将 label 以相同的权重进行叠加，代码如下。

```
def mixup_data(x, y, lam=1.):
    mixed_x = lam * x[0] + (1 - lam) * x[1]
    mixed_y = lam * y[0] + (1 - lam) * y[1]
        return mixed_x, mixed_y

img_mixup, label_mixup = mixup_data([img1, img2], [y1, y2])
```

加权求和后的图像如图 6.6 所示。

注意：

这里举例的 mixup 是分类时的混合方式，在目标检测任务和语义分割任务中，mixup 同样适用。

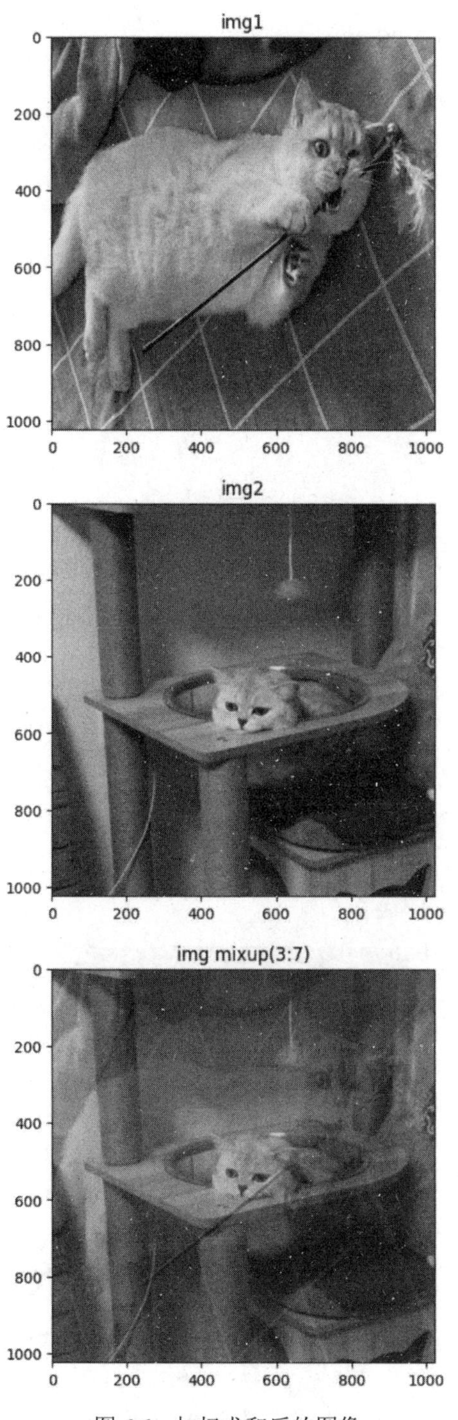

图 6.6　加权求和后的图像

5. 高斯噪声（gaussian noise）

为图像添加高斯噪声，代码如下。

```
class GaussianNoise(object):
    def __init__(self,
                 mean=0.0,
                 std=1.0,
                 amplitude=0.2,
                 p=1):
        self.mean = mean
        self.std = std
        self.amplitude = amplitude
        self.p=p
    def __call__(self, img):
        if torch.rand(1).item() < self.p:
            h, w, c = img.shape
            N = self.amplitude * torch.normal(mean=self.mean,
                    std=self.std, size=(h, w, c))
            img = N + img
            img[img > 255] = 255
            return img
        else:
                return img

gaussian_noise = GaussianNoise()
img_gn = gaussian_noise(img)
```

加入高斯噪声后的图像如图 6.7 所示。

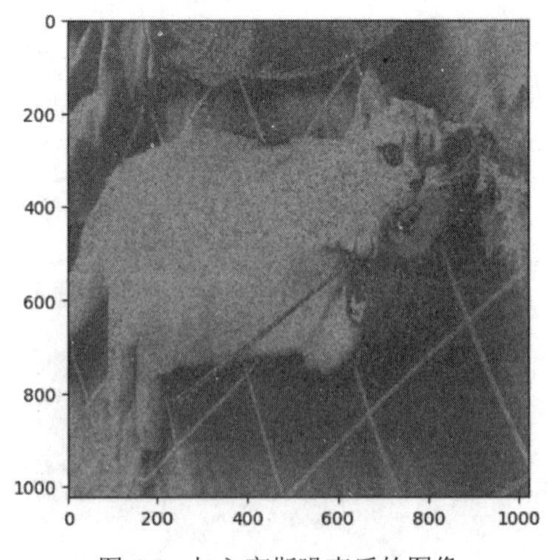

图 6.7　加入高斯噪声后的图像

6．ColorJitter

随机改变图像的属性，如亮度（brightness）、对比度（contrast）、饱和度（saturation）和色调（hue），代码如下。

```
from torchvision import transforms
color_jitter = transforms.ColorJitter(brightness=0.5, hue=0.5, contrast=0.5)
img_cj = color_jitter(img)
```

经过 ColorJitter 后的图像如图 6.8 所示。

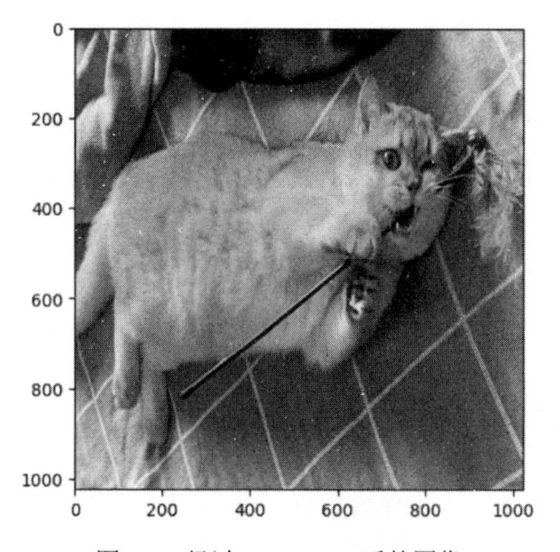

图 6.8　经过 ColorJitter 后的图像

除此以外，高斯模糊、椒盐噪声、CutMix、Mosaic 等方法也可以进行数据增强，这里不再详述。

6.1.3　预训练

预训练是指先将模型在其他较大数据集上训练，再将模型参数迁移到下游任务上进行微调。

在大型数据集上预训练的模型已经学会了通用的图像特征，如边缘、纹理和形状等，它可以帮助加快网络的收敛速度、提升泛化能力，使得在下游小型数据集上也能训练出高质量的模型。

根据任务的不同，使用的预训练数据集有所不同，ImageNet 是最常用的视觉预训练数据集。有时也可设计如自监督或无监督预训练任务来提高模型的表示能力。

ImageNet 是 CV 领域最大、应用最广泛的开源数据集之一。它共包含超过 1400 万张手动标注的图像。一般来说，几乎所有的任务类型都可以使用 ImageNet 数据集进行预训练来提升效果。ImageNet 的详细介绍见 https://www.image-net.org/。

6.1.4 模型

CV 领域的深度模型一般可以分为 backbone-neck-head 结构，如图 6.9 所示。

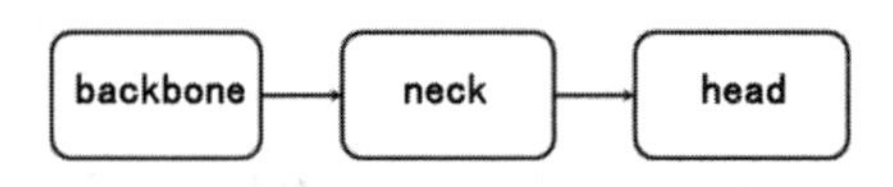

图 6-9 backbone-neck-head 结构

backbone-neck-head 是计算机视觉领域中深度模型的常用架构。backbone 部分是模型的主干，负责提取图像的底层特征。neck 部分负责将 backbone 提取的特征进一步转换为更高级别的特征。head 部分是模型的最后一层，负责将 neck 提取的特征转换为模型的最终输出。

1. backbone

backbone 即主干网络，在模型中一般作为特征提取网络，是网络的最主要部分。其将输入的图像数据转换为高层特征，后续的一系列任务都要在这个特征上进行，所以特征表示的质量直接决定了模型表现。实战中，通常不自行设计 backbone 的结构，而是使用经过大量实验验证过的成熟结构，常用的 backbone 有卷积网络 ResNet、VGG、DenseNet 和基于 Transformer 的网络 ViT、Swin Transformer 等，相关源码可以在 GitHub（https://github.com/huggingface/pytorch-image-models）上找到，在 torchvision.models 中也集成了如 ResNet 等的经典网络。

此外还可以找到大多数主流 backbone 的 PyTorch 实现。

2. neck

如图 6.10 所示，neck 即颈部模块，是位于 backbone 和 head 之间的结构，一般用于加强 backbone 特征提取的质量，常用的如 FPN（feature pyramid network，特征金字塔网络）、SPP，属于即插即用的模块，有时不使用。恰当的颈部模块可以对模型效果有不小的提升。

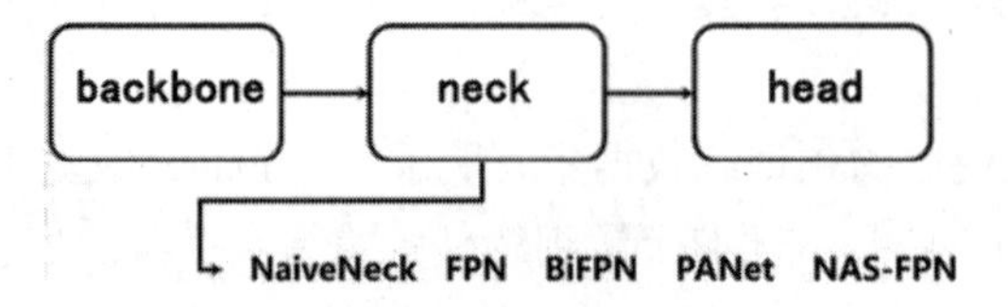

图 6.10 模型结构及常用 neck 示意图

3．head

head 即预测头，利用之前网络的特征做出预测。分类头一般与任务类型及损失函数高度相关。

6.1.5 损失函数

损失函数是模型的优化目标，它是量化模型的预测结果和真实标签不一致程度的函数。损失函数与任务形式高度相关，我们将在 6.2 节～6.4 节详细介绍几种具体的损失函数。

6.1.6 集成学习

在实战中，我们可以训练多个不同的模型，通过将多个模型的结果集成到一起，提升最终的结果。集成学习往往能够在最终结果的基础上获得进一步的提升。

对于分类任务和语义分割任务，平均法是最常用的和最简单的集成方式，可以将模型输出的类别概率直接加和求平均，也可以乘以不同的权重后再平均，调整不同模型的权重并监视在验证集上的表现以选择最优的权重，往往可以进一步提升集成的效果。除此以外，还可以使用 Stacking 等更复杂的方式进行集成。

对于目标检测任务，一般不适用平均法，这类任务常用的集成方式有 NMS（non-maximum suppression，非极大值抑制）、Soft-NMS、WBF（weighted boxes fusion，加权框融合）等，我们将在 6.4.3 节中介绍 WBF 的具体流程。

6.1.7 通用技巧

1．测试时数据增强

如 6.1.2 节中所描述的多种数据增强技术除了可以在训练时用来增强模型性能，还可以在测试时使用数据增强来涨点，这一技术叫作测试时数据增强（test time augmentation，TTA）。具体做法为对需要测试的图像生成若干副本并应用数据增强，一般为 rotation 和 flip，再分别输入模型进行推理，将多个副本的推理结果通过平均等方式进行集成。

TTA 本质上也是一种集成策略，是指在不训练更多模型的情况下，利用单一模型对数据的不同副本得到的不同结果进行集成。

TTA 的伪代码举例如下。

```
# img：待测试的图像
```

```
# model: 训练得到的模型
# final_pred: 经过 TTA 后模型对 img 的最终预测
img1 = img
img2 = RandomFlip(img)
img3 = RandomRotation(img)
pred1, pred2, pred3 = model(img1), model(img2), model(img3)
final_pred = Ensemble(pred1, pred2, pred3)
```

2. SWA

SWA（stochastic weight averaging，随机加权平均）是使用修正后的学习率策略对 SGD（stochastic gradient descent，随机梯度下降）或任何随机优化器遍历的权重进行平均，从而得到更好的收敛效果，如图 6.11[①]所示。随机梯度下降趋向于收敛至损失在局部相对较低的地方，但却很难收敛至全局最低点，如果使用 SWA 可以将多个权重加权平均，从而可能收敛至相对 SGD 更小的损失。

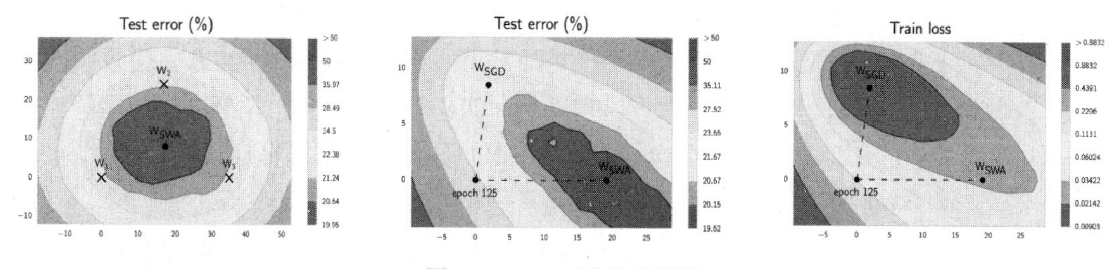

图 6.11　SWA 原理示意图

具体来说，就是在训练的最后几个 epoch，使用一个恒定的较小学习率进行训练，最后将最后几个 epoch 的模型权重进行平均得到最终的模型。PyTorch 中已经支持 SWA 的使用，下面是一个简单的在 PyTorch 中使用 SWA 的例子。

```
from torch.optim.swa_utils import AveragedModel, SWALR
from torch.optim.lr_scheduler import CosineAnnealingLR

loader, optimizer, model, loss_fn = ...
swa_model = AveragedModel(model)
scheduler = CosineAnnealingLR(optimizer, T_max=100)
swa_start = 5
swa_scheduler = SWALR(optimizer, swa_lr=0.05)

for epoch in range(100):
    for input, target in loader:
        optimizer.zero_grad()
```

① 图片来源为 Averaging Weights Leads to Wider Optima and Better Generalization。

```
        loss_fn(model(input), target).backward()
        optimizer.step()
    if epoch > swa_start:
        swa_model.update_parameters(model)
        swa_scheduler.step()
    else:
        scheduler.step()

torch.optim.swa_utils.update_bn(loader, swa_model)
preds = swa_model(test_input)
```

3. 知识蒸馏

在知识蒸馏方法中，使用一个教师模型来帮助当前的模型（如学生模型）训练。教师模型是一个较高准确率的预训练模型，因此学生模型可以在保持模型复杂度不变的情况下提升准确率，这在有些对计算开销有限制的情况下非常实用。例如，可以使用 ResNet-152 作为教师模型来帮助学生模型 ResNet-50 训练。在训练过程中，我们会加一个蒸馏损失来惩罚学生模型和教师模型输出之间的差异。

给定输入，令 p 为真实概率分布，z 和 r 分别是学生模型和教师模型输出的特征，即最后一个全连接层的输出。之前我们会用交叉熵损失 $\ell(p,\text{softmax}(z))$ 来度量 p 和 z 之间的差异，这里的蒸馏损失同样用交叉熵。所以，使用知识蒸馏方法总的损失函数是

$$\ell(p,\text{softmax}(z)) + T^2\ell(\text{softmax}(r/T),\text{softmax}(z/T))$$

上式中，第一项是原来的损失函数，第二项是添加的用来惩罚学生模型和教师模型输出差异的蒸馏损失。其中，T 是一个温度超参数，用来使 softmax 的输出更加平滑。实验证明，用 ResNet-152 作为教师模型来训练 ResNet-50 可以提高后者的准确率。

示例代码如下。

```
# model1 为学生模型，model2 为教师模型
kl_loss = nn.KLDivLoss(reduction="batchmean")
ce_loss = nn.CrossEntropy()
for data, label in batches:
    output1 = model1(data)
    output2 = model2(data)
    loss1 = ce_loss(label, output1)
    loss2 = kl_loss(F.log_softmax(output1,dim=1), F.softmax(output2,dim=1))
    loss = loss1 + alpha * loss2
    ...
```

4. 伪标签

在模型训练完成后，可以对测试图像或竞赛中提供的无标记图像（如有）进行预测来

生成伪标签，将带有伪标签的数据与原来的训练数据混合到一起重新训练模型，通常可以观察到模型性能的提升。还可以使用新的模型重新对无标记图像进行预测，持续迭代进行之前的步骤，不断提高模型性能直至收敛为止。

示例流程如下。

（1）使用有标记数据训练模型。

（2）使用模型在无标记数据上进行预测，此时可以使用 TTA 或集成学习技术。

（3）将预测得到的标签作为伪标签。

（4）使用无标记数据和有标记数据混合得到新的数据集。

（5）使用新的数据集重新训练模型。

5. lr scheduler

使用恒定的学习率训练通常不是一种好的方式，一般需要指定一些策略在训练的过程中对学习率进行动态调整，常用的方法为 warmup、余弦退火等，相关的学习率调整模块可以在 torch.optim.lr_scheduler 找到。

示例代码如下（余弦退火+warmup）。

```
import torch
import torch.optim as optim
import timm

# 定义模型、优化器和损失函数
model = MyModel()
optimizer = optim.SGD(model.parameters(), lr=0.1)
loss_fn = nn.CrossEntropyLoss()

# 定义学习率和学习率调整器
scheduler = timm.scheduler.CosineLRScheduler(optimizer=optimizer,
                                             t_initial=200,
                                             # 待训练的总的 epoch
                                             lr_min=1e-5,
                                             # 余弦退火学习率衰减最小值
                                             warmup_t=4,
                                             # warmup 阶段的 epoch 数量
                                             warmup_lr_init=1e-4)
                                             # warmup 阶段的起始值

# 训练循环
```

```
for epoch in range(100):
    # 调整学习率
    scheduler.step(epoch)

    # 训练模型
    train_loss, train_acc = train(model, optimizer, loss_fn, train_data)

    # 验证模型
    val_loss, val_acc = validate(model, loss_fn, val_data)

    # 打印指标
    print(f'Epoch {epoch}: train loss = {train_loss:.3f}, train acc = 
{train_acc:.3f}, val loss = {val_loss:.3f}, val acc = {val_acc:.3f}')
```

6. 其他

下面列举了其他一些在实战中的经验，读者可以作为参考。

☑ 确认在训练集和测试集的数据分布和标签分布一致。

☑ 注意类别是否平衡，若不平衡需要进行分类别采样或带权的损失。

☑ 可以尝试较大的几何变换，如弹性变换、仿射变换、样条仿射变换、枕形畸变。

☑ 应用 channel shuffling，即随机地打乱通道排序。

☑ 尝试不同的学习率。

☑ 尝试不同的批次大小。

☑ 太多的增强会降低准确率。

☑ 按类别非均匀地划分训练集和测试集。

6.2 分类任务

6.2.1 任务介绍及常用模型

图像分类任务是计算机视觉领域中最基础的任务之一，其主要目的是将一张图像自动归类到特定的类别中。例如，将照片分类为狗、猫或其他动物的类别，或者将街景照片分类为公园、商店或住宅区等类别。对于分类任务最重要的指标是准确率，即模型分类正确的图像数占总数的比例。

常用的图像分类基线模型如下。

1．ResNet

ResNet（residual network，残差网络）是一种深度卷积神经网络，由 Microsoft Research Asia 团队于 2015 年提出。在 ResNet 中，每一个卷积层的输出都加上了输入的恒等映射，这样可以避免深层网络出现梯度消失或梯度爆炸的问题，使得更深的网络可以被训练。ResNet 的一个重要组成部分是残差块，其中包含了两个卷积层和一个恒等映射。残差块通过跨层连接的方式将前一层的输入直接传递到后面的层中，从而实现网络的深度增加。这是最经典的网络结构，通常被作为基线模型。

2．ViT

ViT（全称为 Vision Transformer）是一种使用 Transformer 结构进行图像分类的模型，由 Google 团队提出。ViT 将输入的图像分成若干个小的图像块，并将它们展开成一维序列，然后通过 Transformer 模型进行处理，最终输出图像的类别。ViT 通过引入自注意力机制，使得模型可以自动关注与当前任务相关的图像特征，从而提高模型的精度。ViT 在许多视觉任务中表现都出色，如图像分类、目标检测等。

3．Swin Transformer

Swin Transformer 是一种基于 Transformer 结构的图像分类模型，由香港中文大学和华为公司的研究人员提出。Swin Transformer 采用了层次化的注意力机制，将输入的图像划分为多个分层，每一层中的图像都与同一层中的其他图像相互关联，从而提高了模型的精度。此外，Swin Transformer 还采用了局部窗口机制和跨层路径机制，使得模型能够更好地捕捉图像中的局部特征和全局特征。

6.2.2 损失函数

分类任务常使用的损失函数包括交叉熵和 Focal Loss。

1．交叉熵

交叉熵是最常见的分类损失函数之一，用来在分类任务中评估和预测类别和真实类别之间的差距的函数。交叉熵损失函数可以表示为

$$J_{CE}=-\sum_{i=1}^{N}(y_i\lg(\hat{y}_i)+(1-y_i)\lg(1-\hat{y}_i))$$

其中 y_i 是真实标签，$\hat{y}_i$ 是模型预测的概率。

交叉熵的 PyTorch 实现代码如下。

```
from torch import nn
criterion= nn.CrossEntropyLoss()
loss = criterion(y_pred, y_true)
```

2. Focal Loss

Focal Loss 由何凯明提出，是针对类别不平衡场景下的一种损失函数。Focal Loss 从样本的分类难度角度出发，解决样本非分布不均衡带来的模型训练问题。Focal Loss 具体的数学形式为

$$J_{FL} = -(1-\hat{y}_i)^{\gamma} \lg \hat{y}_i$$

其中 $\hat{y}_i$ 是模型预测的概率。

Focal Loss 的 PyTorch 实现（例）代码如下。

```
class WeightedFocalLoss(nn.Module):
    def __init__(self, alpha=.25, gamma=2):
            super(WeightedFocalLoss, self).__init__()
            self.alpha = torch.tensor([alpha, 1-alpha]).cuda()
            self.gamma = gamma

    def forward(self, inputs, targets):
            BCE_loss = F.binary_cross_entropy_with_logits(inputs,
targets, reduction='none')
            targets = targets.type(torch.long)
            at = self.alpha.gather(0, targets.data.view(-1))
            pt = torch.exp(-BCE_loss)
            F_loss = at*(1-pt)**self.gamma * BCE_loss
            return F_loss.mean()
```

6.2.3　常用技巧

1. 标签平滑

标签平滑（label smoothing）是训练时的一种正则化方法，一般在分类问题中使用。标签平滑的主要目的是防止模型在训练时过于自信地预测标签，从而改善泛化能力差的问题。标签平滑是在 one-hot 标签的基础上添加一个平滑系数，即

$$q_i = \begin{cases} 1-\varepsilon & 若 i = y \\ \varepsilon/(K-1) & 其他 \end{cases}$$

其中 q_i 是平滑后的标签，y 是原标签。

示例代码如下。

```
# 获取模型的预测
```

```
pred = model(inputs)

def smooth_one_hot(true_labels: torch.Tensor, classes: int, smoothing=0.0):
    """
    true_labels 为原始的 one-hot 标签，classes 为类别总数，smoothing 为平滑因子
    """
    assert 0 <= smoothing < 1
    confidence = 1.0 - smoothing
    label_shape = torch.Size((true_labels.size(0), classes))
    with torch.no_grad():
        true_dist = torch.empty(size=label_shape, device=true_labels.device)
        true_dist.fill_(smoothing / (classes - 1))
        _, index = torch.max(true_labels, 1)
        true_dist.scatter_(1, torch.LongTensor(index.unsqueeze(1)),
confidence)
    return true_dist

# 计算使用平滑标签的损失
smooth_loss = loss_fn(smooth_labels(labels), predictions)
```

2. 多种损失加权

如果同时使用 Focal Loss 和交叉熵损失的加权和作为优化目标，有时能够提高模型的鲁棒性，得到更好的泛化性能。

示例代码如下。

```
# 计算 Focal Loss 和交叉熵损失的加权和
# 在训练循环中
    ...
    logits = model(data)
    f_loss = focal_loss(logits, labels)
    ce_loss = cross_entropy_loss(logits, labels)
    total_loss = ce_loss * ce_weight + f_loss * focal_weight
    total_loss.backward()
    ...
```

6.3 分割任务

6.3.1 任务介绍及常用模型

语义分割任务需要为图像中的每一个像素分配一个类别标签，可以理解为逐像素的分

类任务。与图像分类任务不同的是，语义分割任务需要输出一个与原图等大小的类别图，其中每个像素的值表示对应位置像素的类别。模型需要学习一种像素级别的特征表示，从而将图像中的每一个像素分配到正确的类别中。

常用的语义分割基线模型如下。

1. U-Net

U-Net 是一种基于卷积神经网络的语义分割模型，由 Olaf Ronneberger 等人于 2015 年提出。U-Net 采用了一种称为 U 形结构的网络架构，其中包含了一个下采样路径和一个上采样路径。在下采样路径中，网络通过池化和卷积操作来提取特征；在上采样路径中，网络通过反卷积和跳跃连接操作将特征恢复到原始大小，从而实现像素级别的分割。U-Net 在医学图像分割等领域得到了广泛的应用。

2. U-Net++

U-Net++是一种在 U-Net 基础上进一步改进的语义分割模型，由于其在分割精度上有所提升，因此在近年来的语义分割竞赛中得到了广泛的应用。U-Net++采用了多分辨率分支和密集跳跃连接机制，从而进一步提高了模型的分割精度。具体来说，U-Net++的网络架构由若干个 U-Net 模块组成，其中每个 U-Net 模块由编码器和解码器两部分组成，类似于 U-Net 的 U 形结构。在 U-Net++中，编码器部分的特征图不仅直接传递给解码器，同时也会与同一模块内的其他分辨率的特征图进行跳跃连接，从而提高模型的特征表示能力。此外，在每个 U-Net 模块的解码器中还引入了密集跳跃连接机制，从而使模型能够更好地学习到局部特征。

3. DeepLab

DeepLab 是由 Google 团队提出的一种语义分割模型，采用了空洞卷积和多尺度池化等技术来提高模型的感受野和分割精度。其中，空洞卷积可以通过在卷积核中引入空洞来增加感受野，从而可以有效地捕捉图像中的全局特征。多尺度池化则可以通过对不同尺度的特征图进行池化操作，从而提高模型对不同尺度物体的识别能力。DeepLab 已经发展到了第三代（DeepLabV3+），并在许多语义分割任务中表现出色。

另外，ViT、SwinTransformer 等模型通过修改模型配置，也可以用于语义分割任务。

6.3.2 损失函数

语义分割可以使用与分类任务相同的损失函数，如逐像素交叉熵。除此以外，还有直接优化语义分割任务的度量指标（IoU）的损失函数，如 Dice Loss。

Dice Loss 是由 Dice 系数而得名的，Dice 系数是一种用于评估两个样本相似性的度量函数，其值越大意味着这两个样本越相似，Dice 系数的数学表达式如下。

$$s = \frac{|X \cap Y|}{|X| + |Y|}$$

则 Dice Loss 可表示为

$$J_{\text{Dice}} = 1 - \frac{2|X \cap Y|}{|X| + |Y|}$$

式中，X 表示真实分割图像的像素标签，Y 表示模型预测分割图像的像素类别，$|X \cap Y|$ 为预测图像的像素与真实标签图像的像素之间的点乘，并将点乘结果相加，$|X|$ 和 $|Y|$ 分别为它们各自对应图像中的像素相加。

Dice Loss 的 PyTorch 代码实现如下。

```
import torch.nn as nn
import torch.nn.functional as F

class DiceLoss(nn.Module):
    def __init__(self, weight=None, size_average=True):
            super(DiceLoss, self).__init__()

    def forward(self, logits, targets):
        num = targets.size(0)
        smooth = 1

        probs = F.sigmoid(logits)
        m1 = probs.view(num, -1)
        m2 = targets.view(num, -1)
        intersection = (m1 * m2)
        score = 2. * (intersection.sum(1) + smooth) / (m1.sum(1) + m2.sum(1)
+ smooth)
        score = 1 - score.sum() / num
        return score
```

6.3.3 常用技巧

1. 对结果应用形态学算法进行后处理（开运算/闭运算）

开运算可以消除较小的孤立物体，平滑边缘；闭运算可以消除小的空洞。形态学运算的效果与模型性能、任务、核大小等都有关，使用不当可能会降低分割结果，建议使用前可视化分割结果，结合输出情况和任务特点分析，并先在验证集上进行实验。

示例代码如下。

```
# 模型预测
mask = model(input)

# 应用形态学算法进行后处理
# 定义核大小，核越大，形态学运算效果越强
kernel = np.ones((3,3),np.uint8)
# 开运算
opening = cv2.morphologyEx(mask, cv2.MORPH_OPEN, kernel, iterations = 2)

# 闭运算
closing = cv2.morphologyEx(mask, cv2.MORPH_CLOSE, kernel, iterations = 2)
```

2．对大分辨率图像进行滑窗分块

对于大分辨率图像，首先可以使用滑动窗口将图像分块，变成一组较小的图像，再分别进行推理，然后将所有图像的推理结果聚合到一起。由于分块时可能会将一些物体分割到两张不同的图像块中，所以两个窗口间应当有重叠。

示例代码如下。

```
# 定义滑窗大小和步长，步长小于窗口大小，使窗口有重叠
stride = 768
win_size = 1024

total_col = max(int((img.shape[1] - win_size + stride - 1)/stride) + 1, 1)
total_row = max(int((img.shape[0] - win_size + stride - 1)/stride) + 1, 1)
# 创建空的推理结果
total_preds = np.zeros(shape=(num_class, img.shape[0], img.shape[1]),
dtype=np.int32)
# 记录哪些区域被计算了多次
count = np.zeros(shape=(num_class, img.shape[0], img.shape[1]),
dtype=np.int32)

for row in range(total_row):
    for col in range(total_col):
        patch = img[row*stride:row*stride+win_size, col*stride: col*stride+
win_size, :]
        preds = model(patch)
        total_preds[row*stride:row*stride+win_size,
```

```
col*stride:col*stride+win_size, :] += preds
        count[row*stride:row*stride+win_size,
col*stride:col*stride+win_size, :] += 1
# 重叠部分取多次计算的平均
total_preds /= count
```

3. 联合损失函数

如 6.2.3 节中所描述的，使用多种损失函数可以提高模型的鲁棒性，这在分割任务中同样适用，如使用 BCE+Dice+Focal loss 的加权和作为损失函数。

示例代码如下。

```
# in train loop
    ...
    preds = model(data)
    dice_loss = dice_loss(preds, labels)
    ce_loss = cross_entropy_loss(preds, labels)
    f_loss = focal_loss(preds, labels)
    total_loss = ce_loss * ce_weight + f_loss * focal_weight + dice_loss *
dice_weight
    total_loss.backward()
    ...
```

6.4 检测任务

6.4.1 任务介绍及常用模型

目标检测需要在图像或视频中检测出物体的位置、大小和类别等信息。与图像分类和语义分割不同的是，目标检测需要同时输出目标的位置和类别信息，并且可以检测出多个目标。

目标检测任务通常分为两个阶段：目标提取和目标分类。目标提取通常采用滑动窗口或锚点框的方法，在不同的位置和大小上提取候选目标。目标分类则是对候选目标的具体类别进行分类。

目标检测的常用模型包括基于区域提取的模型和基于单阶段检测的模型。其中，基于区域提取的模型包括 R-CNN、Fast R-CNN、Faster R-CNN、Mask R-CNN 等。这些模型通常采用两阶段的流程，即先通过区域提取方法生成候选目标，再通过深度学习模型进行分类和定位。这类模型在精度方面表现出色，但计算速度较慢。

基于单阶段检测的模型则是直接对图像进行检测和分类，常用的模型包括 YOLO、SSD 等。这些模型通常采用一种称为“锚点框”的方法，在图像中直接预测目标的位置和类别信息。YOLO 系列目前是应用最广泛、效果最好的目标检测方法。

YOLO（you only look once）系列是常用目标检测的基线模型。

YOLO 是一系列基于单阶段检测的目标检测模型，采用了“锚点框”和多尺度特征图等技术，可以在单次前向传播中对整个图像进行检测和分类，具有较高的检测速度和实时性，因此在实际应用中得到了广泛的应用。YOLO 系列模型的网络架构可以分为两个部分：特征提取网络和检测网络。特征提取网络采用卷积神经网络，可以对输入图像进行特征提取，并生成多尺度的特征图。检测网络则在多尺度特征图的基础上进行目标检测和分类，通常采用卷积层和全连接层等组件实现。

YOLO 系列模型的特点在于采用了“锚点框”的方法，通过预先定义一些固定大小和比例的矩形框，对输入图像进行分割和分类。YOLO 系列模型同时也采用了多尺度特征图的方法，可以处理不同大小和尺度的目标，从而实现了对整个图像的检测和分类。

目前，YOLO 系列模型已经发布了多个版本，包括 YOLO v1~v7。每个版本都在原有的基础上进行了改进和优化，从而提高了检测精度和速度。例如，YOLO v3 采用了 Darknet-53 作为特征提取网络，并引入了 FPN 和 PAN（path aggregation network）等技术，从而进一步提高了检测精度和速度。

6.4.2 损失函数

如上所述，目标检测分为检测和分类两部分，需要分别使用不同的损失函数进行优化，即分类损失和位置损失。分类损失通常使用交叉熵、Focal Loss 或二者加权，具体见 6.2 节分类任务部分。下面介绍常用的位置损失。

1. L1 损失

L1 损失（MAE）为预测值与真实值差的绝对值，即平均平方误差，公式为

$$\text{MAE}=\frac{1}{n}\sum_{i=1}^{n}\left|\hat{y}_i-y_i\right|$$

```
from torch import nn
criterion = nn.L1Loss()
loss = criterion(y_pred, y_true)
```

2. L2 损失

L2 损失（MSE）即预测值与真实值差的平方，公式为

$$\text{MSE} = \frac{1}{n}\sum_{i=1}^{n}(\hat{y}_i - y_i)^2$$

```
from torch import nn
criterion = nn.MSELoss()
loss = criterion(y_pred, y_true)
```

3．IoU 损失

IoU 损失（IoU Loss）是基于与预测框和标注框纸质件的交并比（IoU）来计算的，记预测框为 P，标注框为 G，则 IoU 可表示为

$$\text{IoU} = \frac{P \cap G}{P \cup G}$$

则 IoU 损失可表示为

$$\text{IoU Loss}=1-\text{IoU}$$

IoU 损失的实现代码如下。

```
def IOU(box1, box2):
    """
    IoU 损失
    :param box1: tensor [batch, w, h, num_anchor, 4], xywh 预测值
    :param box2: tensor [batch, w, h, num_anchor, 4], xywh 真实值
    :return: tensor [batch, w, h, num_anchor, 1]
    """
    box1_xy, box1_wh = box1[..., :2], box1[..., 2:4]
    box1_wh_half = box1_wh / 2.
    box1_mines = box1_xy - box1_wh_half
    box1_maxes = box1_xy + box1_wh_half

    box2_xy, box2_wh = box2[..., :2], box2[..., 2:4]
    box2_wh_half = box2_wh / 2.
    box2_mines = box2_xy - box2_wh_half
    box2_maxes = box2_xy + box2_wh_half

    # 求真实值和预测值所有的 IoU
    intersect_mines = torch.max(box1_mines, box2_mines)
    intersect_maxes = torch.min(box1_maxes, box2_maxes)
    intersect_wh = torch.max(intersect_maxes-intersect_mines,
torch.zeros_like(intersect_maxes))
    intersect_area = intersect_wh[..., 0]*intersect_wh[..., 1]
    box1_area = box1_wh[..., 0]*box1_wh[..., 1]
    box2_area = box2_wh[..., 0]*box2_wh[..., 1]
```

```
    union_area = box1_area+box2_area-intersect_area
    iou = intersect_area / torch.clamp(union_area, min=1e-6)
    return iou
```

4．GIoU 损失

当预测框与标记框不相交时，IoU 恒为 0，此时 IoU 损失恒为 1，导致网络无法训练。GIoU 损失（GIoU Loss）在 IoU 损失的基础上加上了惩罚项，其具体定义为

$$\text{GIoU Loss} = 1 - \text{IoU} + \frac{|C - P \cup G|}{|C|}$$

其中 C 为 P 和 G 的最小包围框，即能将 P 和 G 完全包围的最小矩形。

GIoU 损失的实现代码如下。

```
def GIOU(box1, box2):
    """
    GIoU 损失
    :param box1: tensor [batch, w, h, num_anchor, 4], xywh 预测值
    :param box2: tensor [batch, w, h, num_anchor, 4], xywh 真实值
    :return: tensor [batch, w, h, num_anchor, 1]
    """
    b1_x1, b1_x2 = box1[...,0] - box1[...,2]/2,box1[...,0]+box1[...,2]/2
    b1_y1, b1_y2 = box1[...,1] - box1[...,3]/2,box1[...,1]+box1[...,3]/2
    b2_x1, b2_x2 = box2[...,0] - box2[...,2]/2,box2[...,0]+box2[...,2]/2
    b2_y1, b2_y2 = box2[...,1] - box2[...,3]/2,box2[...,1]+box2[...,3]/2

    box1_xy, box1_wh = box1[..., :2], box1[..., 2:4]
    box1_wh_half = box1_wh / 2.
    box1_mines = box1_xy - box1_wh_half
    box1_maxes = box1_xy + box1_wh_half

    box2_xy, box2_wh = box2[..., :2], box2[..., 2:4]
    box2_wh_half = box2_wh / 2.
    box2_mines = box2_xy - box2_wh_half
    box2_maxes = box2_xy + box2_wh_half

    # 求真实值和预测值所有的 IoU
    intersect_mines = torch.max(box1_mines, box2_mines)
    intersect_maxes = torch.min(box1_maxes, box2_maxes)
    intersect_wh = torch.max(intersect_maxes-intersect_mines,
torch.zeros_like(intersect_maxes))
    intersect_area = intersect_wh[..., 0]*intersect_wh[..., 1]
    box1_area = box1_wh[..., 0]*box1_wh[..., 1]
```

```
    box2_area = box2_wh[..., 0]*box2_wh[..., 1]
    union_area = box1_area+box2_area-intersect_area
    iou = intersect_area / torch.clamp(union_area, min=1e-6)

    # 计算最小包围框的宽和高
    cw = torch.max(b1_x2, b2_x2) - torch.min(b1_x1, b2_x1)
    ch = torch.max(b1_y2, b2_y2) - torch.min(b1_y1, b2_y1)
    c_area = cw * ch + 1e-16  # convex area
    return iou - (c_area - union_area) / c_area
```

5. DIoU 损失

DIoU 损失（DIoU Loss）考虑框中心点的距离，具体定义如下。

$$\text{DIoU Loss} = 1 - \text{IoU} + \frac{\rho^2(P,G)}{c^2}$$

其中 c 为 P 和 G 的最小包围框的对角线长，ρ 表示 P 和 G 中心点的距离。

DIoU 损失的实现代码如下。

```
def DIOU(box1, box2):
    """
    DIoU 损失
    :param box1: tensor [batch, w, h, num_anchor, 4], xywh 预测值
    :param box2: tensor [batch, w, h, num_anchor, 4], xywh 真实值
    :return: tensor [batch, w, h, num_anchor, 1]
    """
    b1_x1, b1_x2 = box1[...,0] - box1[...,2]/2,box1[...,0]+box1[...,2]/2
    b1_y1, b1_y2 = box1[...,1] - box1[...,3]/2,box1[...,1]+box1[...,3]/2
    b2_x1, b2_x2 = box2[...,0] - box2[...,2]/2,box2[...,0]+box2[...,2]/2
    b2_y1, b2_y2 = box2[...,1] - box2[...,3]/2,box2[...,1]+box2[...,3]/2

    box1_xy, box1_wh = box1[..., :2], box1[..., 2:4]
    box1_wh_half = box1_wh / 2.
    box1_mines = box1_xy - box1_wh_half
    box1_maxes = box1_xy + box1_wh_half

    box2_xy, box2_wh = box2[..., :2], box2[..., 2:4]
    box2_wh_half = box2_wh / 2.
    box2_mines = box2_xy - box2_wh_half
    box2_maxes = box2_xy + box2_wh_half

    # 求真实值和预测值所有的 IoU
    intersect_mines = torch.max(box1_mines, box2_mines)
```

```
    intersect_maxes = torch.min(box1_maxes, box2_maxes)
    intersect_wh = torch.max(intersect_maxes-intersect_mines, 
torch.zeros_like(intersect_maxes))
    intersect_area = intersect_wh[..., 0]*intersect_wh[..., 1]
    box1_area = box1_wh[..., 0]*box1_wh[..., 1]
    box2_area = box2_wh[..., 0]*box2_wh[..., 1]
    union_area = box1_area+box2_area-intersect_area
    iou = intersect_area / torch.clamp(union_area, min=1e-6)

    # 计算最小包围框的宽和高
    cw = torch.max(b1_x2, b2_x2) - torch.min(b1_x1, b2_x1)  # convex 
(smallest enclosing box) width
    ch = torch.max(b1_y2, b2_y2) - torch.min(b1_y1, b2_y1)
    c2 = cw ** 2 + ch ** 2 + 1e-16

    # 两个框中心点距离的平方
    rho2 = ((b2_x1 + b2_x2) - (b1_x1 + b1_x2)) ** 2 / 4 + ((b2_y1 + b2_y2) 
- (b1_y1 + b1_y2)) ** 2 / 4
    return iou - rho2 / c2
```

6．CIoU 损失

CIoU 在 DIoU 的基础上考虑了如下度量：重叠面积、中心点距离、长宽比一致性，具体定义如下。

$$\text{CIoU Loss} = 1 - \text{IoU} + \frac{\rho^2(P,G)}{c^2} + \alpha v$$

其中：

$$v = \frac{4}{\pi^2}\left(\arctan\frac{\omega^g}{h^g} - \arctan\frac{\omega^p}{h^p}\right)^2$$

$$\alpha = \frac{v}{(1-\text{IoU})+v}$$

CIoU 损失的实现代码如下。

```
def CIOU(box1, box2):
    """
    CIoU 损失
    :param box1: tensor [batch, w, h, num_anchor, 4], xywh 预测值
    :param box2: tensor [batch, w, h, num_anchor, 4], xywh 真实值
    :return: tensor [batch, w, h, num_anchor, 1]
    """
```

```
    box1_xy, box1_wh = box1[..., :2], box1[..., 2:4]
    box1_wh_half = box1_wh / 2.
    box1_mines = box1_xy - box1_wh_half
    box1_maxes = box1_xy + box1_wh_half

    box2_xy, box2_wh = box2[..., :2], box2[..., 2:4]
    box2_wh_half = box2_wh / 2.
    box2_mines = box2_xy - box2_wh_half
    box2_maxes = box2_xy + box2_wh_half

    # 求真实值和预测值所有的 IoU
    intersect_mines = torch.max(box1_mines, box2_mines)
    intersect_maxes = torch.min(box1_maxes, box2_maxes)
    intersect_wh       =       torch.max(intersect_maxes-intersect_mines,
torch.zeros_like(intersect_maxes))
    intersect_area = intersect_wh[..., 0]*intersect_wh[..., 1]
    box1_area = box1_wh[..., 0]*box1_wh[..., 1]
    box2_area = box2_wh[..., 0]*box2_wh[..., 1]
    union_area = box1_area+box2_area-intersect_area
    iou = intersect_area / torch.clamp(union_area, min=1e-6)

    # 计算中心的差距
    center_distance = torch.sum(torch.pow((box1_xy-box2_xy), 2), dim=-1)

    # 找到包裹两个框的最小框的左上角和右下角
    enclose_mines = torch.min(box1_mines, box2_mines)
    enclose_maxes = torch.max(box1_maxes, box2_maxes)
    enclose_wh = torch.max(enclose_maxes-enclose_mines, torch.zeros_like
(intersect_maxes))

    # 计算对角线距离
    enclose_diagonal = torch.sum(torch.pow(enclose_wh, 2), dim=-1)
    ciou = iou - 1. * center_distance / torch.clamp(enclose_diagonal,
min=1e-6)

    v = (4/(math.pi**2))*torch.pow((torch.atan(box1_wh[..., 0]/torch.clamp
(box1_wh[...,   1],   min=1e-6))-torch.atan(box2_wh[...,   0]/torch.clamp
(box2_wh[..., 1], min=1e-6))), 2)
    alpha = v / torch.clamp((1.-iou+v), min=1e-6)
    ciou = ciou - alpha * v
    return ciou
```

6.4.3　常用技巧

1．加权框融合集成

相比最常用的非极大值抑制集成，加权框融合（weighted boxes fusion，WBF）是一种更好的集成方式（论文链接为 https://arxiv.org/abs/1910.13302），基于置信度和 IoU 对多个 bbox（bounding box，边界框）进行类似聚类的操作和加权平均，具体流程如下。

（1）初始化列表 B，将多个模型预测出来的所有 bbox 加入列表 B，按置信度降序排列。

（2）声明空列表 L、F，L 中的每个元素为一个列表，列表包含一个簇内的 bbox，F 中的每个元素表示一个簇的代表 bbox。

（3）按顺序遍历 B 中的 bbox，对于每个 bbox，以 IoU 大于阈值作为匹配规则，尝试将该 bbox 与 F 中的 bbox 进行匹配。若匹配到，则将该 bbox 加入到匹配到的 bbox 对应的簇。若没有匹配到，则将该 bbox 作为一个新的簇的代表加入 F，L 中也对应加入一个新的簇列表。

（4）对于 L 中的每个簇，生成一个新的 bbox，新的 bbox 的置信度、大小和坐标按如下规则计算，其中 T 为该簇内的 bbox 数量。

$$C=\frac{\sum_{i=1}^{T}C_i}{T},\quad X1,2=\frac{\sum_{i=1}^{T}C_i \cdot X1,2_i}{\sum_{i=1}^{T}C_i},\quad Y1,2=\frac{\sum_{i=1}^{T}C_i \cdot Y1,2_i}{\sum_{i=1}^{T}C_i}$$

（5）按如下规则放缩每个新 bbox 的置信度，其中 T 为该簇的 bbox 数量。

$$C=C\times\frac{\min(T,N)}{N}$$

图 6.12[①]展示了 WBF 与 NMS 进行框集成的区别。

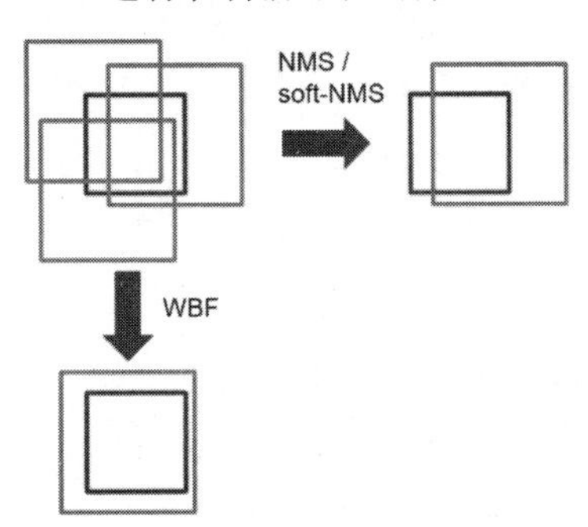

图 6.12　WBF 与 NMS 区别示意图

① 图片来源为 Weighted boxes fusion: Ensembling boxes from different object detection models。

想要实现 WBF，可以使用论文作者提供的模块，通过 pip install ensemble-boxes 命令安装。使用示例代码如下。

```
from ensemble_boxes import *
# 融合同一个模型预测的边界框
boxes, scores, labels = weighted_boxes_fusion(
                        [boxes_list],
                        [scores_list],
                        [labels_list],
                        weights=None,
                        method=method,
                        iou_thr=iou_thr,
                        thresh=thresh)
```

2. 填鸭法数据增强

可以将一张图中的目标裁剪出来，直接粘贴到另一张图中，在有 mask 级的标注时效果更佳。示例代码如下。

```
import os
from skimage import io
import numpy as np
import random
import tifffile as tif
import matplotlib.pyplot as plt
from tqdm import tqdm
import cv2

def duck_stuffing(target_img, target_label, available_img_dir, available_
label_dir):
    target_img = target_img.copy()
    target_label = target_label.copy()
    available_length = len(os.listdir(available_img_dir))
    num_ins = np.max(target_label)
    flag = True
    while flag or random.randint(0, 9) < 3:
        flag = False
        num_ins += 1
        # 随机选取一个其他图像
        choice = random.randint(0, available_length - 1)
        choose_img = os.listdir(available_img_dir)[choice]
```

```
        src_img = io.imread(os.path.join(available_img_dir, choose_img))
        src_label = tif.imread(os.path.join(available_label_dir, choose_
img.replace('.jpg', '.tif')))
        # 随机挑选一个实例
        choice = random.randint(1, np.max(src_label))
        nonzero = (src_label == choice).nonzero()
        x_min = nonzero[0].min()
        y_min = nonzero[1].min()
        x_max = nonzero[0].max()
        y_max = nonzero[1].max()
        src_img = src_img[x_min:x_max, y_min:y_max]
        src_label = src_label[x_min:x_max, y_min:y_max]
        # 对实例进行随机变换
        rot = random.randint(0, 3)
        flip = random.randint(0, 1)
        src_img = np.rot90(src_img, rot)
        src_label = np.rot90(src_label, rot)
        if flip == 1:
            src_img = np.flip(src_img, 1)
            src_label = np.flip(src_label, 1)
        x_ratio = random.uniform(0.8, 1.2)
        y_ratio = random.uniform(0.8, 1.2)
        src_img = cv2.resize(src_img, (int(src_img.shape[1] * x_ratio),
int(src_img.shape[0] * y_ratio)))
        src_label = cv2.resize(src_label, (int(src_label.shape[1] *
x_ratio), int(src_label.shape[0] * y_ratio)),
                              interpolation=cv2.INTER_NEAREST)
        # 随机挑选位置
        x = random.randint(0, target_img.shape[0] - src_img.shape[0])
        y = random.randint(0, target_img.shape[1] - src_img.shape[1])
        target_img[x:x+src_img.shape[0], y:y+src_img.shape[1]][src_label
== choice] = src_img[src_label == choice]
        target_label[x:x + src_img.shape[0], y:y + src_img.shape[1]]
[src_label == choice] = num_ins
    return target_img, target_label
```

3．Mosaic 数据增强

YOLO v4 中使用的一种数据增强对四张图片进行拼接，获得一张新的图片，Mosaic 增强后得到的图片如图 6.13 所示。

图 6.13　Mosaic 增强后得到的图片

注意：

实验中较强的数据增强需要更大的模型，另外在训练的最后 15 个 epoch 关闭该增强能够进一步提升效果（参考代码为 https://github.com/Tianxiaomo/pytorch-YOLOv4/blob/master/dataset.py）。

第 7 章 计算机视觉（图像）：实战篇

本章以 Kaggle 竞赛 Sartorius - Cell Instance Segmentation（见图 7.1[①]）为例，讲解如何解决实例分割任务（竞赛地址为 https://www.kaggle.com/competitions/sartorius-cell-instance-segmentation/）。

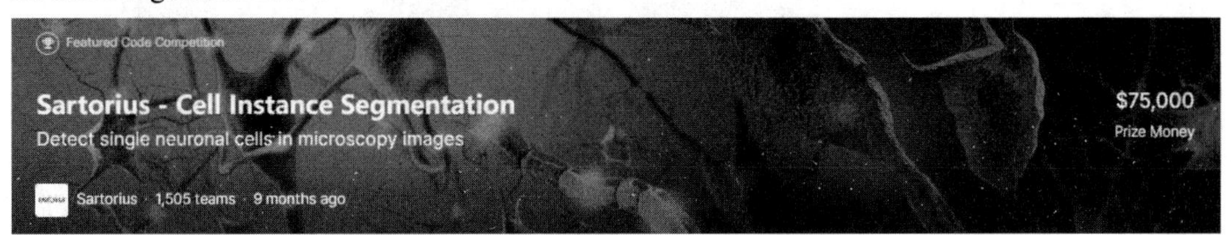

图 7.1　Kaggle Sartorius - Cell Instance Segmentation 竞赛

7.1　竞 赛 介 绍

神经系统疾病包括阿尔茨海默症和脑瘤等神经退行性疾病，是全球范围内引发死亡和残疾的主要原因之一。一种可行的诊断方法是通过光学显微镜检查神经元细胞，但是由于神经细胞的形态复杂且微小，人工识别十分困难和耗时。本次竞赛希望利用计算机视觉技术，实现神经细胞显微图像的自动细胞分割。具体来说，本次竞赛的任务为一个经典的实例分割问题，要在提供的神经细胞显微图像的基础上，对图像中的神经细胞进行语义分割，并对同一图像的不同细胞进行辨识。

赛题训练集包含 606 个神经细胞显微图像和对应的真实标签（ground truth，GT），真实标签为神经细胞的手工分割结果。测试集包含 240 个图像，测试集数据不公开。除此之外，还包含 1972 个无标签的神经细胞显微图像，这部分数据没有细胞分割的 GT。所有图像（包括有标注和无标注）都提供了图像属于哪种神经细胞（共三种，分别为 astro、cort、shsy5y）的信息。三种不同的神经细胞示例和标注示例如图 7.2 所示。

---

① 图片来源为 Kaggle 竞赛页面。

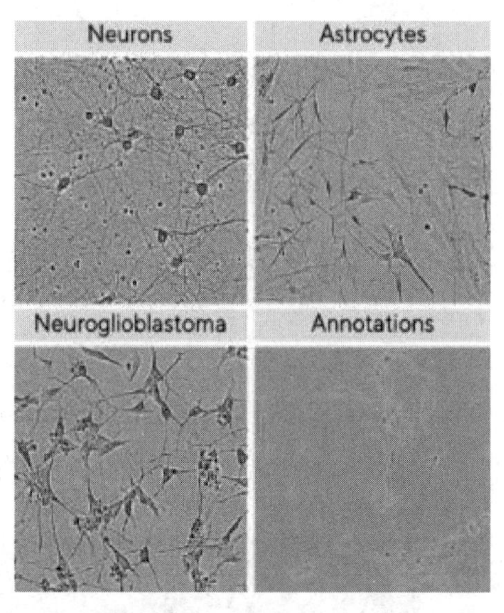

图 7.2　三种不同的神经细胞示例和标注示例[①]

本次竞赛使用在不同 IoU 下的平均精度进行评估，IoU 计算如下。

$$\mathrm{IoU}(A,B)=\frac{A\cap B}{A\cup B}$$

设定 IoU 阈值为 t，预测目标与 GT 的 IoU 大于阈值，即将该目标视为真正例（TP），则精度的计算方式如下。

$$\frac{TP(t)}{TP(t)+FP(t)+FN(t)}$$

评估时以 0.05 的步长遍历[0.5,0.95]的 IoU，对于每个 IoU 阈值都按上面的方式计算精度，统计每个阈值的平均精度为该图像的成绩。最终成绩为测试集所有图像的成绩均值。最终分数计算方式如下。

$$\frac{1}{|\text{thresholds}|}\sum_t\frac{TP(t)}{TP(t)+FP(t)+FN(t)}$$

7.2 数据探索

本节通过统计分析、数据可视化等手段进行探索性数据分析，帮助我们更好地理解数据，并为后续的建模工作做好准备。

① 图片来源为 Kaggle 竞赛页面。

7.2.1　数据基本情况

首先检测各部分数据的统计信息。

训练集中有 606 个图像，73585 个细胞的实例分割标注，隐藏测试集中大约有 240 个图像。在训练集中，每个图像的平均细胞标注个数为 121.42，根据赛题先验信息，在隐藏测试集中有着相同的期望个数。除此之外，train_semi_superved 目录中还有 1972 个没有标注的图像。

7.2.2　类型分布

图像中有三种类型的细胞，每个图像只包含一种细胞类型。这些类型包括 cort（神经元）、shsy5y（神经母细胞瘤）和 astro（星形胶质细胞）。每种细胞类型在特征和统计方面不同，因此每种细胞类型可能需要自己独特的处理技术。

图 7.3 表示在带标注训练集和未带标注训练集中的细胞类型分布，可以发现，在带标注和未带标注的训练集中，细胞类型的分布是不同的。带标注训练集具有更高的 cort 数量，而未带标注训练集则具有更高数量的 astro。

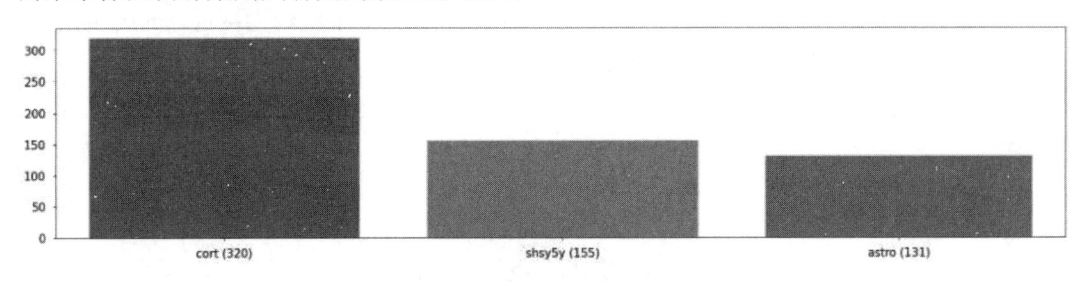

（a）带标注训练集中的细胞类型分布

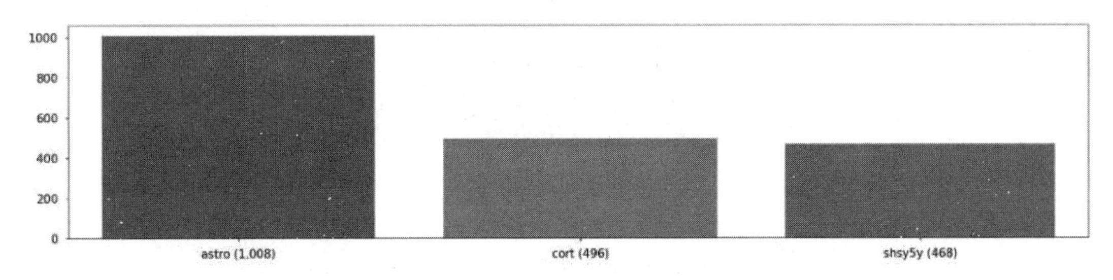

（b）未带标注训练集中的细胞类型分布

图 7.3　细胞类型分布

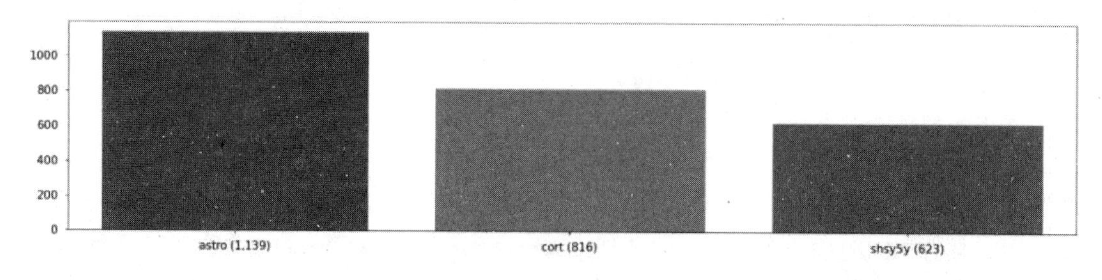

（c）所有训练集上的细胞类型分布

图 7.3　细胞类型分布（续）

7.2.3　图像分布

train 和 train_semi_supervised 上的图像均值和标准差分布如图 7.4 所示，图像平均值和标准差在 train 和 train_semi_superved 略有不同，但差异不大，不能判断两个数据集中的图像从属于不同的分布。

不同类别图像的均值和标准差分布如图 7.5 所示，可以发现，对于三种不同类别的细胞，图像的均值和标准差差异较大，其中 cort 细胞和 shsy5y 细胞较为接近，astro 细胞与前两种细胞的均值标准差分布差异很大。

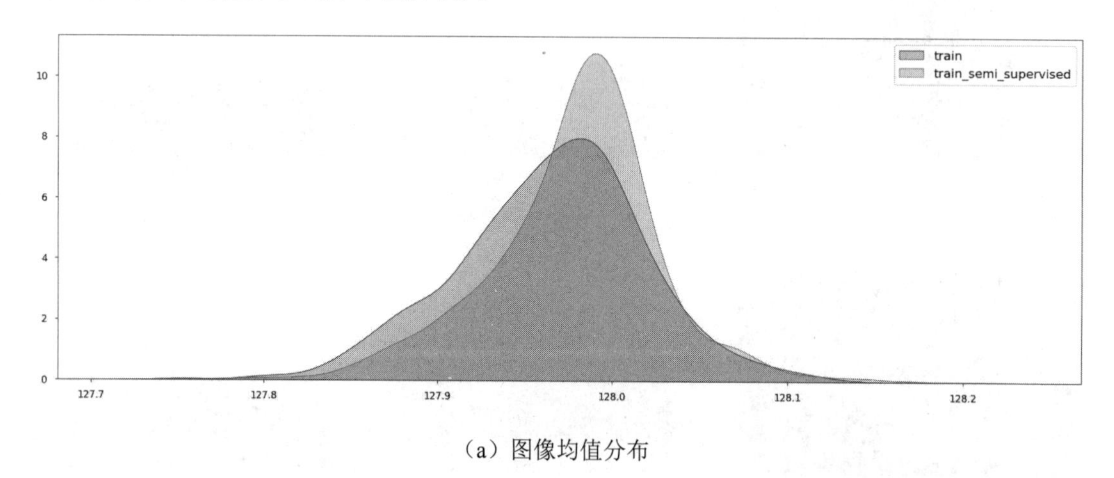

（a）图像均值分布

图 7.4　train 和 train_semi_supervised 上的图像均值和标准差分布

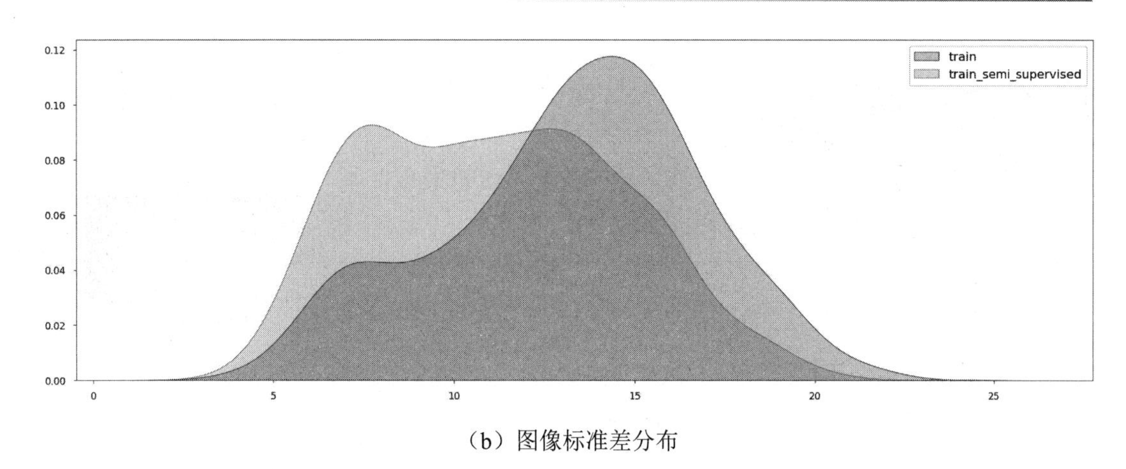

（b）图像标准差分布

图 7.4　train 和 train_semi_supervised 上的图像均值和标准差分布（续）

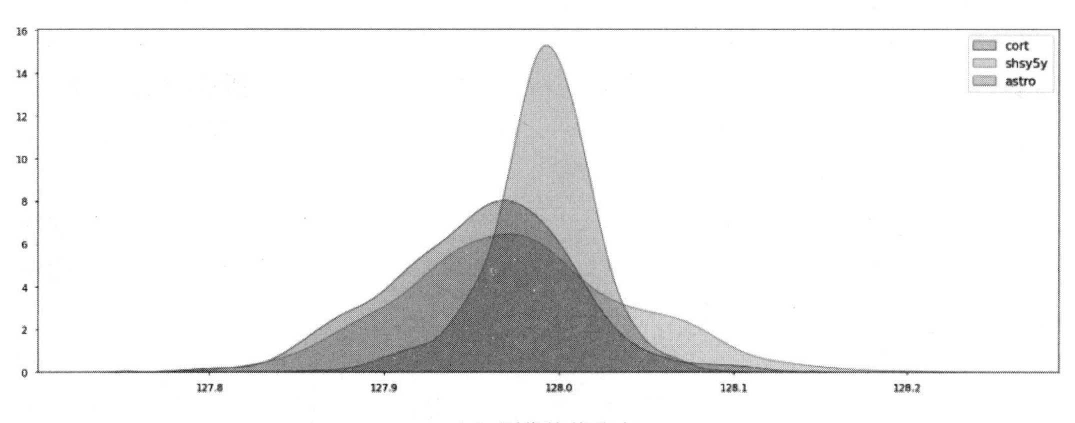

（a）图像均值分布

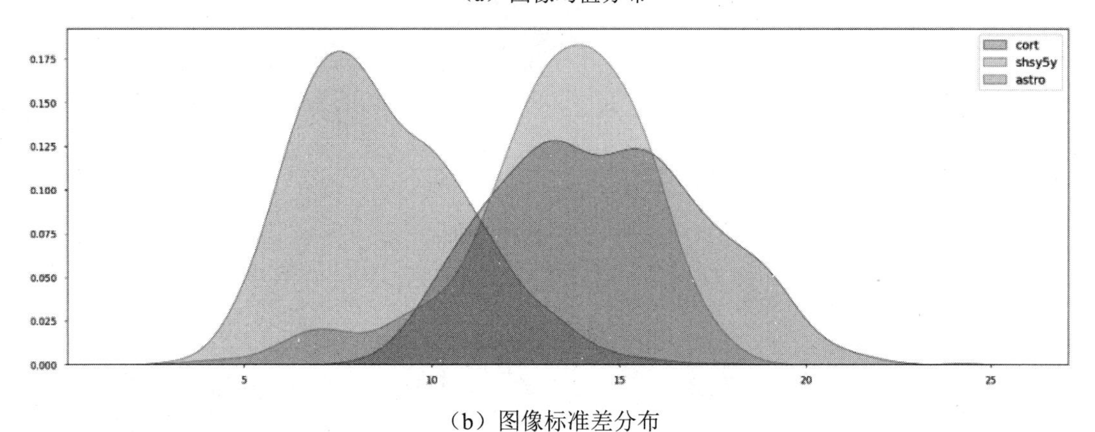

（b）图像标准差分布

图 7.5　不同类别图像的均值和标准差分布

7.2.4 标注分布

图 7.6 表示不同类别的标注个数和面积分布，可以发现，不同类别之间存在非常大的差异。每张 cort 细胞图像中的细胞个数分布较为集中，shsy5y 和 astro 细胞图像中的细胞个数分布较为分散。在 mask 大小上，shsy5y 和 cort 细胞的面积分布非常接近，表明这两种细胞的形态十分接近，astro 细胞的形态与另外两种细胞的形态不同。

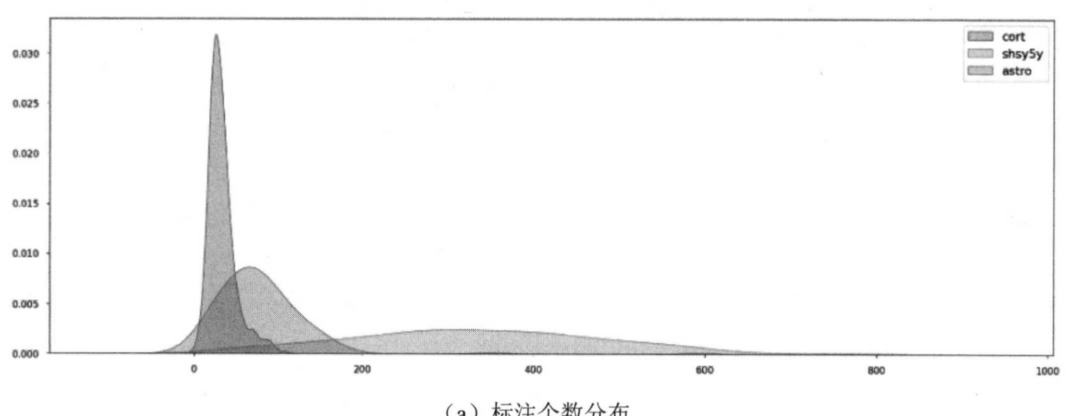

（a）标注个数分布

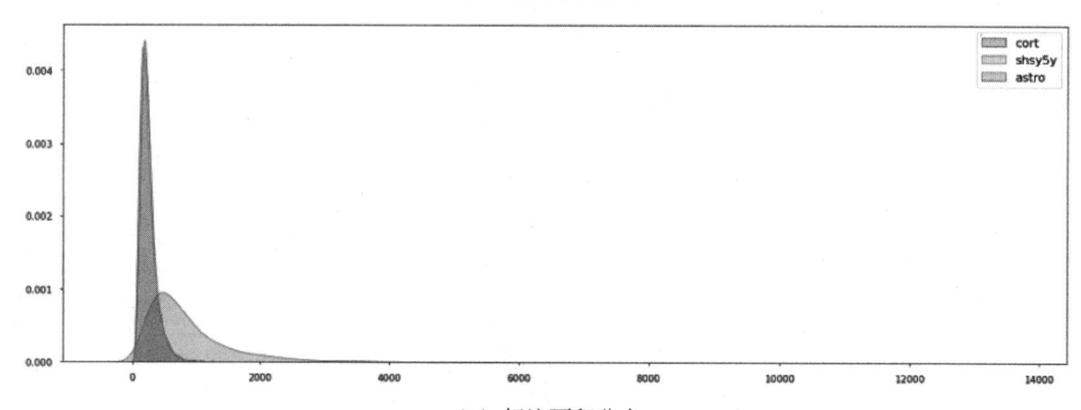

（b）标注面积分布

图 7.6 不同类别的标注个数和面积分布

7.3 优秀方案解读

本节所介绍的方案基于 Cell Instance Segmentation 竞赛的冠军方案，本竞赛解题方案流程图如图 7.7 所示[①]。方案整体包含两个阶段：第一阶段，使用目标检测模型对每个目标预测一个能够恰好框住目标的 bbox；第二阶段，使用语义分割模型在每个 bbox 中分割前景和背景像素。

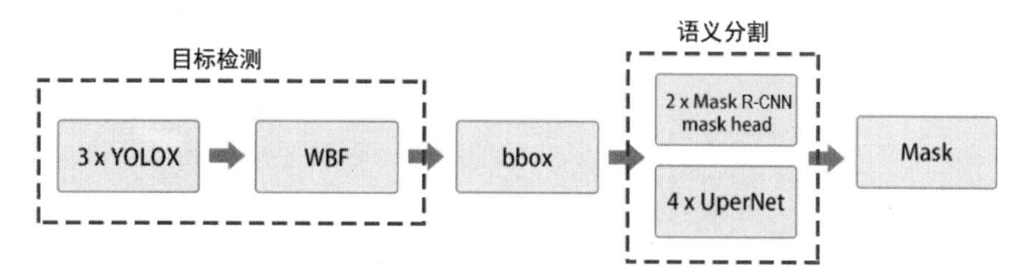

图 7.7　Cell Instance Segmentation 竞赛解题方案流程图

方案整体使用了 MMDetection 和 MMSegmentation 工具箱进行实现。MMDetection 和 MMSegmentation 是基于 PyTorch 的开源目标检测和语义分割工具箱，支持多种最新的模型的训练和部署，可以快速进行相关算法的实现。MMDetection 和 MMSegmentation（github 地址为 https://github.com/open-mmlab/mmsegmentation）的版本分别为 2.19.0 和 0.20.2。

MMDetection 的官网地址为 https://github.com/open-mmlab/mmdetection。

7.3.1　检测部分

在本方案中，检测部分使用 3 个在 COCO 数据集上预训练的 YOLOX 模型，使用 GT 的 bbox 进行训练，针对 3 个模型预测出来的多个 bbox，使用 WBF 的方法将多个 bbox 进行集成，从而得到第一步的检测框。

1. 预处理

预处理模块主要定义了几种数据增强的操作，用来增加模型的泛化性能。预处理部分的代码如下。

```
train_pipeline = [
    dict(type='Mosaic', img_scale=img_scale, pad_val=114.0),
    dict(
        type='RandomAffine',
        scaling_ratio_range=(0.1, 2),
        border=(-img_scale[0] // 2, -img_scale[1] // 2)
    ),
    dict(
```

[①] 图片来源为方案作者分享。

```
        type='MixUp',
        img_scale=img_scale,
        ratio_range=(0.5, 1.5),
        pad_val=114.0
    ),
    dict(
        type='PhotoMetricDistortion',
        brightness_delta=32,
        contrast_range=(0.5, 1.5),
        saturation_range=(0.5, 1.5),
        hue_delta=18
    ),
    dict(type='RandomFlip', flip_ratio=0.5),
    dict(type='Resize', img_scale=img_scale, keep_ratio=True),
    dict(
        type='Pad',
        pad_to_square=True,
        pad_val=dict(img=(114.0, 114.0, 114.0))
    ),
    dict(type='FilterAnnotations', min_gt_bbox_wh=(1, 1), keep_empty=False),
    dict(type='DefaultFormatBundle'),
    dict(type='Collect', keys=['img', 'gt_bboxes', 'gt_labels'])
]
```

上面这段代码中的每一个 dict（字典）都是一个预处理的步骤，其中的 type 字段表示这个步骤的类型。代码解析如下。

（1）使用 Mosaic 数据增强方法将多张图片通过随机缩放、裁剪、排布的方式合并到一起，将图片放大到指定的尺寸（由 img_scale 参数控制），同时使用值 114.0 对边缘进行填充。

（2）对图像进行随机仿射变换（即对图像随机地应用旋转、平移、缩放、错切、翻转），缩放比例范围为(0.1, 2)，并设置边缘填充的值。

（3）采用 Mixup 操作将两个图像混合在一起，并调整大小为 img_scale，混合比例范围为(0.5, 1.5)，填充值为 114.0。

（4）对图像应用随机光度失真（PhotoMetricDistortion），即对图像进行光度、对比度、饱和度、色调的随机扭曲，设置亮度偏移量为 32、对比度为(0.5, 1.5)、饱和度为(0.5, 1.5)、色调偏移量为 18。

（5）使用 Resize 操作将图像缩放到指定的尺寸，并保持图像的长宽比不变。

（6）将图像扩展成正方形，并用指定的颜色填充周围的空白区域。

（7）将小于一定阈值的边界框进行过滤。

（8）对图像和标注信息进行默认格式化（DefaultFormatBundle）。

（9）从原始数据中提取图像、边界框和标签信息作为模型的输入。

2. 模型

笔者使用了 YOLOX 网络结构（见图 7.8）作为检测模型，并通过设置不同的随机种子训练了 3 个相同的网络结构用于集成学习。YOLOX 是旷视在 2021 年开源的 YOLO 系列的改进版本，在 YOLO v3 的基础上，通过引入 Decoupled Head、SimOTA 等方式取得了不错的效果。

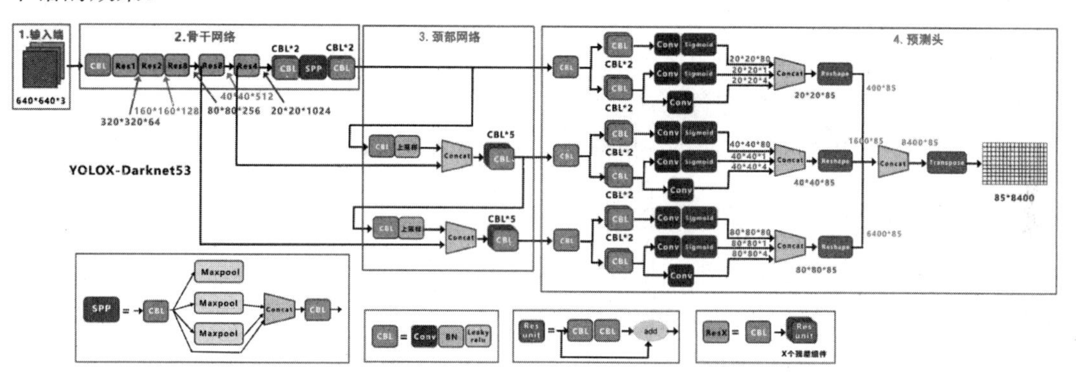

图 7.8　YOLOX 网络结构示意图

YOLOX 模型的配置信息如下。

```
model = dict(
    type='YOLOX',
    input_size=img_scale,
    random_size_range=(32, 64),
    random_size_interval=1,
    backbone=dict(type='YOLOPAFPNOfficial', depth=1.33, width=1.25),
    neck=None,
    bbox_head=dict(
        type='YOLOXHeadOfficial',
        num_classes=3,
        width=1.25,
        in_channels=[256, 512, 1024]
    ),
    train_cfg=dict(assigner=dict(type='SimOTAAssigner',
center_radius=2.5)),
    test_cfg=dict(score_thr=0.01, nms=dict(type='nms', iou_threshold=0.65))
)
```

配置信息的解析如下。

该模型的输入图像大小为 img_scale，在训练模型时会随机裁剪输入图像的尺寸，并将裁剪后的图像作为模型的输入，random_size_range 表示随机裁剪的尺寸范围，每隔 random_size_interval 次迭代进行一次随机裁剪。模型的 backbone 设置为 YOLOPAFPNOfficial，bbox head 类型为 YOLOXHeadOfficial，相关代码实现均在 cell_modules 中，由于该案例有 3 种类似的细胞，所以分类数 num_classes 设置为 3。

训练时使用 SimOTAAssigner 分配器，用于在训练模型时将 GT 框分配给模型预测的框。该分配器使用一个中心半径来确定每个 GT 框能够被分配到哪些模型预测框上，只有在预测框中心与 GT 框中心的距离小于 2.5 的预测框才能被分配。这种方法可以帮助模型更好地学习如何预测对象的位置。

在测试时，使用 NMS 算法进行后处理，IoU 的阈值为 0.65。

3. 训练细节

训练细节包含设置优化器的类型、学习率、动量等参数，通过一些自定义的 hook（钩子）函数来控制优化器的行为。具体的配置参数如下。

```
optimizer = dict(
    type='SGD',
    lr=0.005 / 64,
    momentum=0.9,
    weight_decay=0.0005,
    nesterov=True,
    paramwise_cfg=dict(norm_decay_mult=0.0, bias_decay_mult=0.0)
)

lr_config = dict(
    policy='YOLOX',
    warmup='exp',
    by_epoch=False,
    warmup_by_epoch=True,
    warmup_ratio=1,
    warmup_iters=3,
    num_last_epochs=5,
    min_lr_ratio=0.01
)

custom_hooks = [
```

```
    dict(type='YOLOXModeSwitchHook', num_last_epochs=15, priority=48),
    dict(
        type='ExpMomentumEMAHook',
        resume_from=resume_from,
        momentum=0.0002,
        total_iter=500,
        priority=49
    )
]
runner = dict(type='EpochBasedRunner', max_epochs=10)
```

配置参数的解析如下。

optimizer 定义了优化器配置，优化器的类型为 SGD，初始学习率设置为 0.005/64，动量为 0.9，权重衰减率为 0.0005，采用 nesterov 动量。

lr_config 定义了学习率调整的策略，这里使用了和 YOLOX 论文中相同的策略，即 warmup+余弦退火策略，另外在最后 5 个 epoch 采用固定的最小学习率。

最后定义了两个自定义的钩子函数，YOLOXModeSwitchHook 用来在最后 15 个 epoch 关闭 Mosaic 和 Mixup 数据增强，并添加额外的 L1 损失，使用 EMA 策略对最后的模型进行指数平均。总训练轮次为 30。

4. 集成学习

最后通过 WBF 方法将多个模型预测出来的检测框进行融合，获得最终的结果。集成学习的代码如下。

```
from ensemble_boxes import weighted_boxes_fusion
boxes, scores, labels = weighted_boxes_fusion(boxes_list, scores_list,
labels_list, iou_thr=0.5, skip_box_thr=0.0001)
```

7.3.2 分割部分

分割部分使用了 2 个 Mask R-CNN 的 Mask head 和 4 个 UperNet 进行前景和背景的分割。其中，Mask R-CNN 使用 CB-DBS 作为 backbone，UperNet 使用 Swin Transformer 和 ResNet-101 作为骨干网络。使用来自 GT 的边界框和 Mask 进行训练，推理时使用来自上一步检测部分输出得到的 Boxes。

限于篇幅，这里我们只展示其中一个 UperNet 模型的实现。

1. 预处理

预处理流程定义了用于训练的数据如何被预处理，包括对图像的随机移动、对齐、翻转和旋转，以及图像的标准化等操作。这些预处理操作可以提高模型的泛化能力，使模型在测试集上的表现更好。预处理部分的配置信息如下。

```
train_pipeline = [
    dict(type='BoxJitter', prob=0.5),
    dict(type='ROIAlign', output_size=crop_size),
    dict(type='FlipRotate'),
    dict(type='Normalize', **img_norm_cfg),
    dict(type='DefaultFormatBundle'),
    dict(type='Collect', keys=['img', 'gt_semantic_seg'])
]

img_norm_cfg = dict(
    mean=[123.675, 116.28, 103.53], std=[58.395, 57.12, 57.375], to_rgb=True
)
```

上面这段代码定义了 MMDetection 中数据预处理的流程。代码解析如下。

（1）BoxJitter：以 50%的几率随机移动图像中的目标框，用于模拟预测时检测框可能不准确的情况。

（2）ROIAlign：由于一般目标尺度很小，使用了 ROIAlign 的方法来对图像和 GTmask 进行对齐，输出大小为 crop_size，GTmask 在双线性插值后就近取整。

（3）FlipRotate：随机翻转或旋转图像。

（4）Normalize：对图像进行标准化，使用 mean 和 std 来计算，并转换为 RGB 格式。具体参数在 img_norm_cfg 中定义。

（5）DefaultFormatBundle：对图像和标注信息进行默认格式化。

（6）Collect：收集需要的数据，将图像和标签分别组织到批次中。

2. UperNet 模型

UperNet（见图 7.9[①]）是旷视在 ECCV18 发表的一种统一感知解析网络，手工设计了一个 Broden+数据集，定义了名为统一感知解析（unified perceptual parsing，UPP）的识别任务，从场景、物体、部分、材质到纹理，试图一次性解析图像的多层次视觉概念。开发和测试了一个多任务网络和处理混杂标注的训练策略，进而利用已训练的网络发现场景中的视觉知识。

① 图片来源为 Unified perceptual parsing for scene understanding。

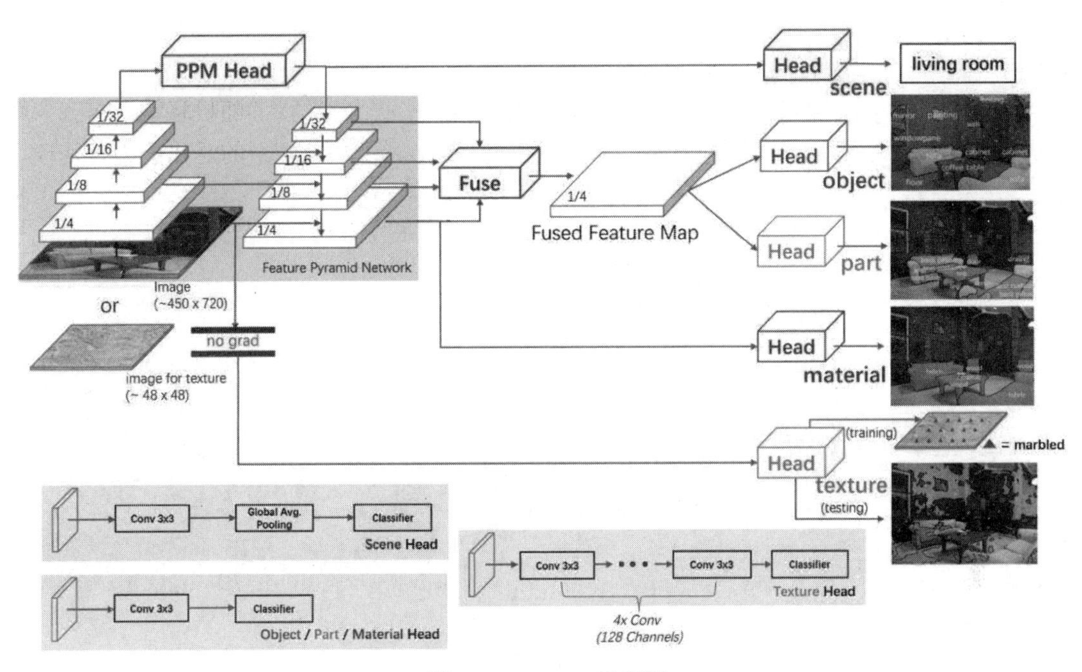

图 7.9　UperNet 示意图

模型的配置文件如下。

```
model = dict(
    type='CustomEncoderDecoder',
    backbone=dict(
        type='SwinTransformer',
        pretrain_img_size=224,
        embed_dims=96,
        patch_size=4,
        window_size=7,
        mlp_ratio=4,
        depths=[2, 2, 6, 2],
        num_heads=[3, 6, 12, 24],
        strides=(4, 2, 2, 2),
        out_indices=(0, 1, 2, 3),
        qkv_bias=True,
        qk_scale=None,
        patch_norm=True,
        drop_rate=0.0,
        attn_drop_rate=0.0,
        drop_path_rate=0.3,
```

```
        use_abs_pos_embed=False,
        act_cfg=dict(type='GELU'),
        norm_cfg=backbone_norm_cfg
    ),
    decode_head=dict(
        type='UPerHead',
        in_channels=[96, 192, 384, 768],
        in_index=[0, 1, 2, 3],
        pool_scales=(1, 2, 3, 6),
        channels=512,
        dropout_ratio=0.1,
        num_classes=2,
        norm_cfg=norm_cfg,
        align_corners=False,
        loss_decode=dict(
            type='CrossEntropyLoss', use_sigmoid=False, loss_weight=1.0
        )
    ),
    auxiliary_head=dict(
        type='FCNHead',
        in_channels=384,
        in_index=2,
        channels=256,
        num_convs=1,
        concat_input=False,
        dropout_ratio=0.1,
        num_classes=2,
        norm_cfg=norm_cfg,
        align_corners=False,
        loss_decode=dict(
            type='CrossEntropyLoss', use_sigmoid=False, loss_weight=0.4
        )
    ),
    train_cfg=dict(),
    test_cfg=dict(mode='whole')
)
```

模型由一个自定义的编码器—解码器（CustomEncoderDecoder）构成。模型包含了SwinTransformer 的 backbone 和两个 head，其中一个 head（decode_head）用于预测像素点分割，另一个 head（auxiliary_head）用于辅助训练预测细胞类型。

3. 训练细节

训练模型时所使用的优化器和学习率调整策略如下。

```
optimizer = dict(
    type='AdamW',
    lr=6e-5 / 16,
    betas=(0.9, 0.999),
    weight_decay=0.01,
    paramwise_cfg=dict(
        custom_keys=dict(
            absolute_pos_embed=dict(decay_mult=0.0),
            relative_position_bias_table=dict(decay_mult=0.0),
            norm=dict(decay_mult=0.0)
        )
    )
)
lr_config = dict(
    policy='CosineAnnealing',
    by_epoch=False,
    warmup='linear',
    warmup_iters=100,
    warmup_ratio=1.0 / 10,
    min_lr_ratio=1e-5
)
runner = dict(type='EpochBasedRunner', max_epochs=10)
```

具体来说，以上代码使用了 AdamW 作为优化器，初始学习率 6e-5/16，权重衰减设置为 0.01。

学习率的调整策略采用的是线性的 warmup 和 CosineAnnealing，总训练轮次为 10。

4. 集成学习

集成学习模块将多个模型输出的每个像素分割概率进行平均，得到最终的预测 mask（完整代码实现见 https://github.com/enjoysport2022/DataMiningCompetitionInAction/）。

7.4 更多方案

1. 亚军方案

图 7.10 为亚军方案流程图，亚军方案整体流程与冠军方案类似，bbox 部分使用 5 个 YOLOv5、effdetD3、Mask R-CNN 的 box head，Mask 部分使用 U-Net 和 Mask R-CNN 的 mask head。值得一提的是，如图 7.11 所示，在亚军方案中，Mask 部分不是在特征图的基础上进行的，而是根据 bbox 直接从原图像上裁剪小图块，并将图块直接输入到分割网络中进行前景和背景的分割。如图 7.12 所示，为了避免相邻细胞的分割出现混淆，在每个 bbox 的分割中，分割任务为三类，即目标细胞、其他细胞、背景。

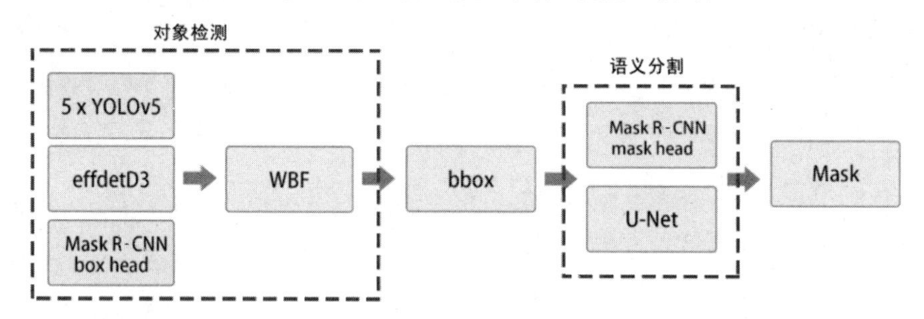

图 7.10　亚军方案流程图

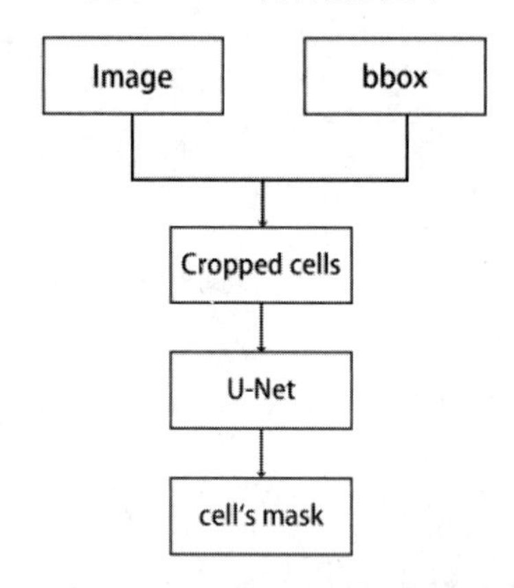

图 7.11　亚军方案分割流程

图 7.12 中从左至右分别为裁剪的原图、目标细胞标注、目标细胞预测、其他细胞标注、其他细胞预测。

图 7.12　分割任务示意图

2. 季军方案

季军方案流程图如图 7.13 所示。

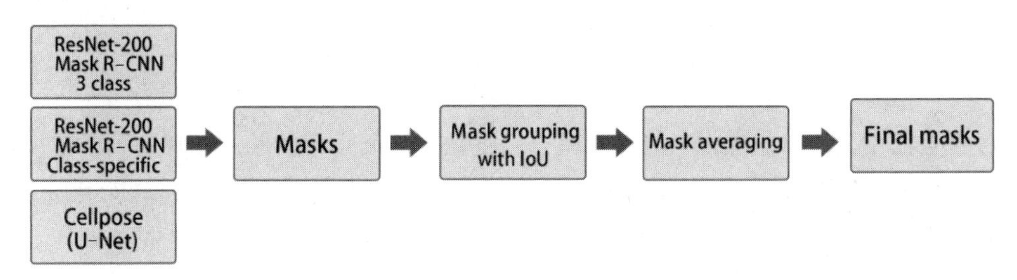

图 7.13　季军方案流程图

该方案为三种方案的集成，分别为不区分类别的 Mask R-CNN，类别特定的 Mask R-CNN 以及 Cellpose，集成策略为先根据 IoU 将属于同一目标的 mask 聚类，再对每一个目标，对属于该类的所有 mask 求平均。其中类别特定的 Mask R-CNN 如图 7.14 所示，首先训练分类网络 Class Detector 对图像所属的细胞种类加以区分（astro、cort、shsy5y 三种不同的神经细胞类型），然后根据种类分别使用不同的 Mask R-CNN 进行实例分割。本方案中使用了 TTA 来提升精度，即在测试时对输入图像进行不同的变换以产生多个副本，每个副本独立进行预测，在检测部分和分割部分都分别对多个副本得到的输出进行集成，使用 WBF+NMS 对多个输入副本的 bbox 进行集成，然后使用平均法对 mask 进行集成。

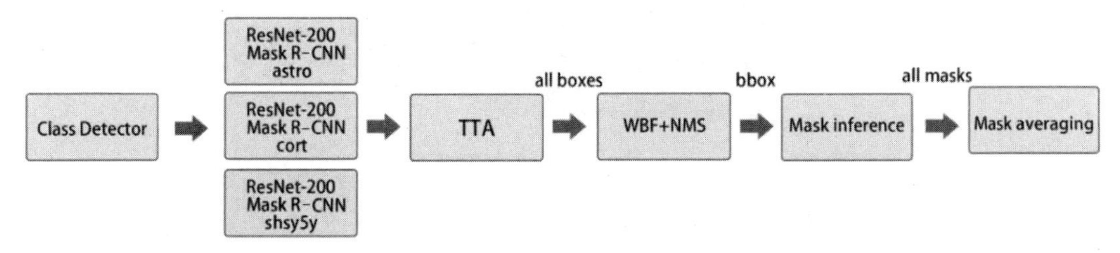

图 7.14　区分细胞类别的模型流程

第 8 章 计算机视觉（视频）：理论篇

8.1 视频数据与图像数据的区别

视频数据不同于静态图像数据，它是一系列按照时间排序的动态图片序列。在视频数据中，帧之间存在密切的上下文联系，因此需要考虑运动相关性和时间相关性。这意味着，在建模时需要同时关注数据的画面信息（appearance）和运动信息（motion）。

相比图像数据只包含 RGB 信息，视频数据具有以下模态。

1. RGB 信息

如图 8.1 所示[①]，视频数据的 RGB 格式一般为(H, W, C, T)，即图像的高、图像的宽、通道数和帧数，这是视频最基本的数据表现。视频的帧之间具有前后因果关系和时序关系，例如“开门”和“关门”两个动作需要通过时序信息来区分。

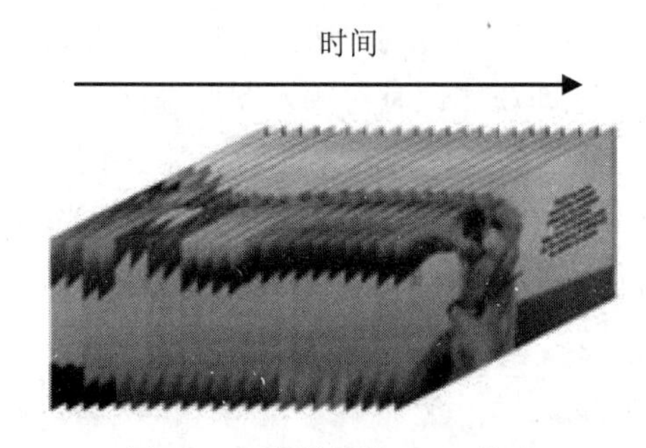

图 8.1　视频数据的 RGB 信息

目前，主流的基于深度学习的视频理解模型一般都只通过 RGB 信息来进行端到端的建模。

---

① 图片来源为 NVIDIA。

2．光流计算

如图 8.2 所示[①]，光流（optical flow）算法通过对时序 RGB 图像进行额外的处理来获取对运动的估计。它通过在连续帧之间比较像素点的位置来估算物体运动的方向和速度。这种算法可以估算图像中物体或背景的运动，常用于跟踪和运动分析。

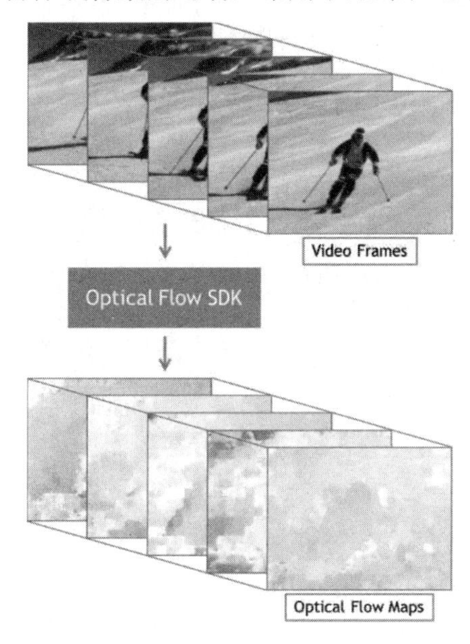

图 8.2　光流算法

常用的光流算法有 Lucas-Kanade、Horn-Schunck、Farneback，这些算法在不同的场景下都有不同的优缺点。

优点是结合光流信息和 RGB 信息的双流模型在较小的数据集上能取得良好的表现，同时推理开销也较小；缺点是光流算法会引入额外的开销，也无法提供端到端的训练、推理场景。

经典光流算法 Lucas-Kanade 的 OpenCV 实现示例代码如下。

```
import numpy as np
import cv2
import sys

cap = cv2.VideoCapture("video.mp4")
feature_params = dict( maxCorners = 100,qualityLevel = 0.3,minDistance =
```

① 图片来源为 Long-term recurrent convolutional networks for visual recognition and description。

```
7,blockSize = 7 )
lk_params = dict(winSize  = (15,15),maxLevel = 2,criteria = (cv2.TERM_
CRITERIA_EPS | cv2.TERM_CRITERIA_COUNT, 10, 0.03))
color = np.random.randint(0,255,(100,3))
ret, old_frame = cap.read()          # 读取第一帧画面
old_gray = cv2.cvtColor(old_frame, cv2.COLOR_BGR2GRAY)
p0  =  cv2.goodFeaturesToTrack(old_gray,  mask  =  None,  **feature_params)
# 选取特征点，返回特征点列表
mask = np.zeros_like(old_frame)

while(1):
    ret,frame = cap.read()           # 读取下一帧
    if frame is None: break
    frame_gray = cv2.cvtColor(frame, cv2.COLOR_BGR2GRAY)
    p1, st, err = cv2.calcOpticalFlowPyrLK(old_gray, frame_gray, p0, None,
**lk_params)                         # 计算新图像中相应的特征点位置
    good_new = p1[st==1]
    good_old = p0[st==1]

    for i,(new,old) in enumerate(zip(good_new,good_old)):
        a,b = new.ravel()            # 将数组维度组成一维数组
        c,d = old.ravel()
        mask = cv2.line(mask, (a,b),(c,d), color[i].tolist(), 2)
        frame = cv2.circle(frame,(a,b),5,color[i].tolist(),-1)# 绘制光流可视
化图像
    img = cv2.add(frame,mask)

    cv2.imshow('frame',img)
    k = cv2.waitKey(30) & 0xff
    if k == 27:
        break
    old_gray = frame_gray.copy()
    p0 = good_new.reshape(-1,1,2)

cv2.destroyAllWindows()
cap.release()
```

3. 音频信息

在视频数据中往往包含音频信息，这些音频信息通常要先进行转换，转换为二维数据，再输入到卷积神经网络中。这样就可以对音频信息进行建模了。除了一些多模态场景外，一般竞赛中通常不会使用音频信号，而是只使用视觉信息进行建模。但是音频信息仍然可

以作为一种重要的辅助信息，帮助提高模型的性能。

8.2　常 用 模 型

视频类任务使用的模型与静态图像不同，根据输入形式的不同大致可以分为以下几类。

1．CNN+RNN

该类型的网络以长期递归卷积网络（long-term recurrent convolutional networks，LRCN）为代表，LRCN 结构图如图 8.3 所示[①]，首先对单帧图像进行卷积，提取其中的空间特征，然后使用递归神经网络网络（如 LSTM）对提取好的单帧图像特征在时序上进行建模，最后得到整条视频片段的最终预测结果。

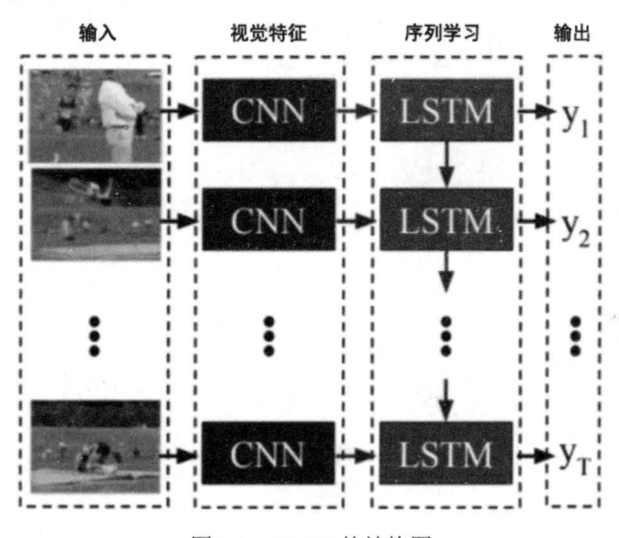

图 8.3　LRCN 的结构图

LRCN 结构的优缺点如下。

优点：可以利用卷积神经网络在大规模数据集（如 ImageNet）上预训练的权重。

缺点：第二阶段的 RNN 只能对经过 CNN 提取的高层语义特征进行建模，而本身缺乏捕捉低层次运动特征的能力。

LRCN 系列的网络对于单帧画面信息差别明显的数据集，表现可能会更为理想。模型参数量在三种基本模型中最小（LRCN 的实现代码见 https://github.com/garythung/torch-lrcn）。

[①] 图片来源为 Long-term recurrent convolutional networks for visual recognition and description。

2．双流网络

双流网络显式地将视频信息流进行分割，分别对画面信息流和运动信息流两种信息进行单独建模。大部分的双流网络利用光流表征运动信息，用单帧图像的 RGB 数据表征画面信息。对于两种信息，使用经过预训练的卷积网络对两种特征分别进行特征提取和独立的预测，再融合不同信息流独立的预测结果得到最终视频片段的分类预测。图 8.4[①]展示了经典双流网络 Temporal Segment Network（TSN）的结构，Spatial 和 Temporal 两个分支分别独立地处理画面信息和运动信息。

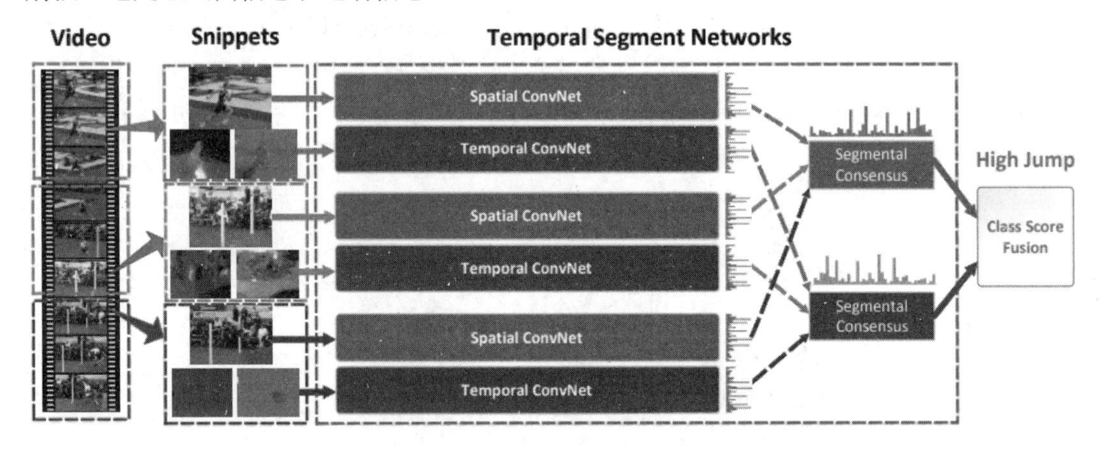

图 8.4　TSN 的结构示意图

TSN 结构的优缺点如下。

优点：可以直接自然地利用预训练的大多数 CNN 网络，如 VGG、ResNet 等，效果良好。目前，很多工作都是在双流网络的基础上进行的。光流信息先验地对运动信息进行建模，在样本量相对较少的场景下也能取得效果。

缺点：大部分工作的光流信息都是需要预训练的，这样无法提供一个端到端的预训练场景，同时，光流计算耗费较多的计算资源。

TSN 的实现代码为 https://github.com/yjxiong/temporal-segment-networks。

3．3D 卷积网络

3D 卷积网络，经典工作如 C3D，将二维的卷积核在时间维度上进行延伸，将卷积核从平面拓展到了立方体，自然地形成了三维卷积核，以三维卷积核的叠加，端到端地学习

---

① 图片来源为 Temporal segment networks: Towards good practices for deep action recognition。

视频数据中的时空特征。图 8.5[①]展示了 C3D 的网络结构图，它通过堆叠 3D 卷积块获取捕获时空特征的能力。3D 卷积网络在高维医学图像和视频分析中都有广阔的应用，其存在很多尝试分解 3D 卷积成 2D+1D 卷积的操作，而且都有不错的效果。该模型的参数量在三种基本模型中最大。

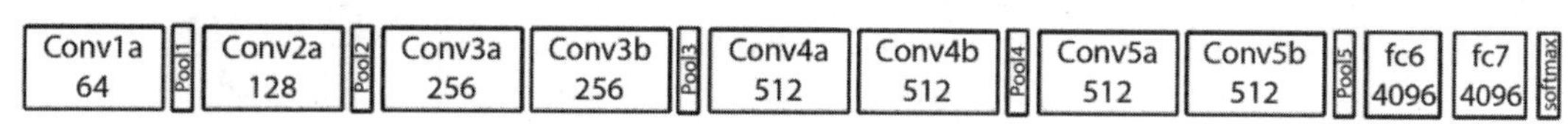

图 8.5　C3D 的网络结构图

3D 卷积网络的优缺点如下。

优点：是 2D 卷积的自然延伸，一站式地学习运动信息和画面信息，从理论上真正做到时空语义的提取。

缺点：参数量是 3 次方级别的，参数量过大，容易导致过拟合。不能直接地利用在图像数据集上的预训练模型进行初始化模型参数。在 Kinetics 等大规模视频数据集应用后这一问题得到了缓解。

经典 3D 卷积网络 SlowFast 的实现代码为 https://github.com/facebookresearch/SlowFast。

4．3D Transformer

3D Transformer 网络是将自注意力在时间方向延伸了一个维度，形成了三维自注意力，来实现端到端地学习视频的时空语义特征。由于时空全局自注意力会带来巨大的参数量，不同模型采取了不同的时空建模策略。

3D Transformer 的优缺点如下。

优点：与 3D 卷积网络相同，能够一站式地学习运动信息和画面信息，同时具有自注意力的特点，克服卷积的局部性，在每一层对时空全局交互进行建模。

缺点：参数量相比 3D 卷积网络更大，容易导致过拟合，需要在大量数据的基础上进行预训练，并且不能直接地利用在图像数据集。

3D Transformer 是目前最流行的模型架构，可以作为基础模型来进行探索。代表方法有 VTN（Video Transformer Network）、ViViT（A Video Vision Transformer）、TimeSformer、Video-Swin-Transformer、MViT（Multiscale Vision Transformer）等。图 8.6[②]展示了 TimeSformer 中的时空建模方式。第一列为不考虑时序信息的标准 ViT 注意力形式；第二列为将时序所有图块同时计算的时空全局注意力形式；第三列首先计算帧之间相同位置图块的注意力，再计算帧内所有图块的注意力，是 TimeSformer 实验中效果最好的形式。

---

① 图片来源 Learning spatiotemporal features with 3d convolutional networks。

② 图片来源为 Is space-time attention all you need for video understanding。

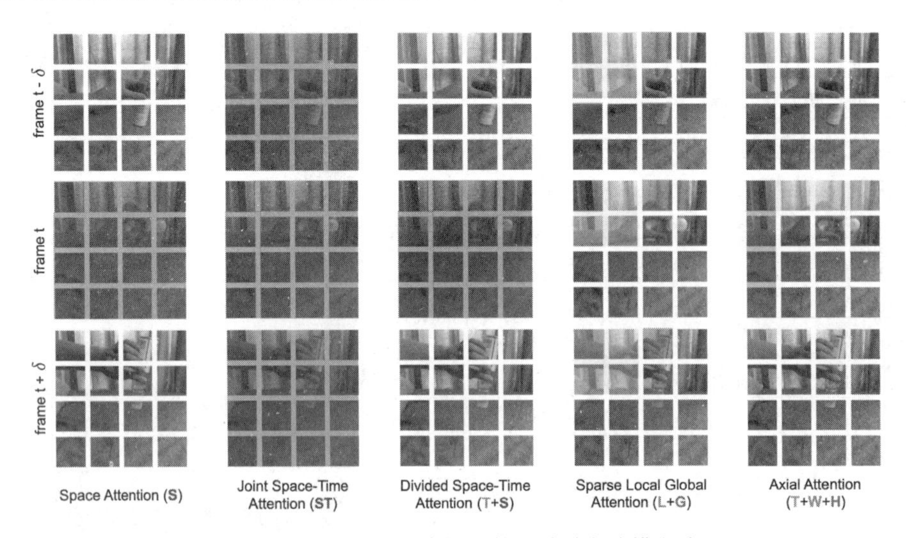

图 8.6　TimeSformer 中提出的三种时空建模方式

TimeSformer 的实现代码为 https://github.com/facebookresearch/TimeSformer。

MViT 的实现代码为 https://github.com/facebookresearch/mvit。

Video-Swin-Transformer 的实现代码为 https://github.com/SwinTransformer/Video-Swin-Transformer。

8.3　预训练数据集

在表 8.1 中列举了一些公开的视频数据集及基本信息，可以根据自身的算力、任务类型选择合适的数据集进行预训练。其中，Kinetics 是最常用的预训练数据集。

表 8.1　公开的视频数据集及基本信息

数　据　集	基 本 任 务	类别数量/个	总规模/个	平均时长/s	总时长/h
HMDB51	行为识别	51	6714	3～10	—
UCF101	行为识别	101	13320	7.21	26.67
ActivityNet1.3	行为识别	200	20000	180	700
Charades	行为识别	157	9848	—	—
Kinetics400	行为识别	400	236532	10	657
Kinetics-Sounds	行为识别	31	18716	10	51
EPIC-KITCHENS-100	行为识别	v.97, n.300	89977	3.1	100
THUMOS'14	时序定位	20	413	68.86	7.56

续表

数　据　集	基 本 任 务	类别数量/个	总规模/个	平均时长/s	总时长/h
AVE	视音定位	28	4143	10	11
LLP	视音定位	25	11849	10	33
AVSBench	视音分割	23	4932	5	6.85
VGGsound	行为识别	309	185229	10	514
MUSIC-AVQA	视音问答	22	9288	60	150
Breakfast	行为分割	1712	1989	139.37	77
50Salads	行为分割	17	50	384	5.33
GTEA	行为分割	7	28	74.34	0.58
EGTEA Gaze++	时序定位等	106	86	1214	29
Ego4D	时序定位等	—	—	—	3670

8.4　任务介绍

视频理解涉及多个方面的任务，目前已经发展成一个十分广阔的学术研究和产业应用方向。受篇幅所限，这里简单介绍视频理解中的几个基本任务：动作识别（视频分类）、时序动作定位、时空动作检测以及视频目标检测。

1．动作识别（视频分类）

动作识别的目标是识别视频中出现的动作，通常是视频中人的动作，可以看作是图像分类领域向视频领域的一个自然延伸，如图 8.7 所示每个视频片段对应唯一的标签，我们希望识别视频中人物骑自行车。

图 8.7　动作识别

2. 时序动作定位

动作识别可以看作是分类问题，其中要识别的视频基本已经过剪辑，即每个视频有且仅有一段明确的动作，视频时长较短，有唯一确定的动作类别。而在时序动作定位领域，视频通常没有被剪辑，视频时长较长，动作通常只发生在视频中的一小段时间内，视频可能包含多个动作，也可能不包含动作，此时该视频被称为背景类。如图 8.8 所示，时序动作定位不仅要预测视频中包含了什么动作，还要预测动作的起始和终止时刻。相比于动作识别，时序动作定位更接近于现实场景。

图 8.8　时序动作定位

如果将每一帧的图像视为一个 token，时序动作定位类似于 NLP 领域的命名实体识别任务，需要识别帧中出现的实体并定位起始帧和终止帧，可以直接建模为帧级别分类任务，也可以参考 GlobalPointer 等命名实体识别的技巧。

3. 时空动作检测

时空动作检测需要识别视频中的动作类别，并确定它们发生的时间和位置，需在视频中同时检测和定位特定的动作（如跑步、跳跃等）并分配一个时间戳（即动作发生的开始时间和结束时间）。这个任务结合了动作识别、对象检测和时间处理的要素，需要对视频进行空间和时间上的分析。这个任务在计算机视觉和人工智能领域中具有重要的应用，如智能监控、体育分析和视频搜索等。

这一任务与视频目标检测类似，但由于动作需要通过时序信息来判断，所以一般不使用静态目标检测的方法，而是使用适用于视频建模的 3D backbone 衔接检测模型（如 RCNN）来实现。

4. 视频目标检测

视频目标检测即目标检测任务在视频数据上的应用，其任务定义与传统目标检测相同。在一些场景下，如图像模糊、遮挡或不寻常的目标姿态，只使用静态图像进行目标检测往往效果不佳，通过使用其他帧的特征可以增强预测效果，同时，上下文信息可以帮助对动作信息进行识别。

根据使用场景和任务的不同，视频目标检测问题可以采用如下几种方法。

1）基于后处理

使用每一帧的静态图像单独进行目标检测，再基于帧间信息进行动态修正，如序列非极大值抑制（Seq-NMS）、序列框匹配（Seq-Bbox Matching）、REPP（REPP 实现代码为 https://github.com/AlbertoSabater/Robust-and-efficient-post-processing-for-video-object-detection）。这样的做法具有高检测响应，可应用于实时检测，并且使用灵活，可以与任何目标检测算法相结合。

2）基于跟踪

DeepSORT 使用控制理论中的卡尔曼滤波对目标的运动进行预测，然后使用匈牙利算法对预测的位置和新一帧中检测的目标进行匹配。遵循如下流程：检测器得到 bbox→生成 detection→卡尔曼滤波预测 track→使用匈牙利算法将预测后的 tracks 和当前帧中的 detections 进行匹配→更新 track 预测。

3）3D CNN（Transformer）

使用 3D 网络进行端到端的视频目标检测，如 YOLOV、TransVOD（TransVOD 的实现代码见 https://github.com/SJTU-LuHe/TransVOD）等。

第9章 计算机视觉（视频）：实战篇

本章以 ACM Multimedia 2022 举办的竞赛 PRE-TRAINING FOR VIDEO UNDERSTANDING CHALLENGE（见图 9.1，图片来源为竞赛主页）为例，讲解视频理解竞赛的实战案例。

图 9.1　PRE-TRAINING FOR VIDEO UNDERSTANDING CHALLENGE

9.1　赛题背景

近年来，随着短视频领域的兴起，互联网中的多媒体视频数以亿计，这些视频往往具有视频题目、分类等弱标记，标记噪声大、类别跨度大等特点。虽然计算机视觉的最新进展已经在诸如视频分类、视频配文字、视频目标检测等领域取得了不小成功，但如何有效利用广泛存在于互联网中的大量无标记或弱标记的视频仍是值得研究的课题。本次 PRE-TRAINING For VIDEO UNDERSTANDING CHALLENGE 大赛旨在促进人们对视频预训练技术的研究，鼓励研究团队设计新的预训练技术以提升一系列下游任务。

9.2　数据介绍和评价指标

大赛提供了从 YouTube 上抓取的 300 万条视频数据集 YOVO-3M（见图 9.2，图片来源为竞赛主页）可用于模型预训练，每条视频包含在 YouTube 上的视频标题和一条 Query 作为视频类别（如 bowling、archery、tiger cat 等）。

Query: brushing teeth

Sentence: Disney Jr Puppy Dog Pals Morning Routine Brushing Teeth, Taking a Bath, and Eating Breakfast!

Query: bowling

Sentence: Dude Perfect Thanksgiving Turkey Bowling | FACE OFF

Query: archery

Sentence: Can You Shoot an Apple Off Your Head? (William Tell Archery Challenge)

Query: tiger cat

Sentence: BIG CATS like boxes too!

图 9.2　YOVO-3M 数据集示例

大赛同时提供了包含约十万条视频的下游任务数据集 YOVO-downstream，该数据集包含 70173 条视频的训练集、16439 条视频的验证集和 16554 条视频的测试集，选手需要提交测试集的预测结果作为最终排名，测试集标签不公布。这些视频被分为 240 种预先定义的类别，包括物体（如 aircraft、pizza、football）和人类动作（如 waggle、high jump、riding）。

本次竞赛以 F1 score 作为评价指标。

9.3　冠军方案

本次竞赛冠军方案的架构如图 9.3 所示。

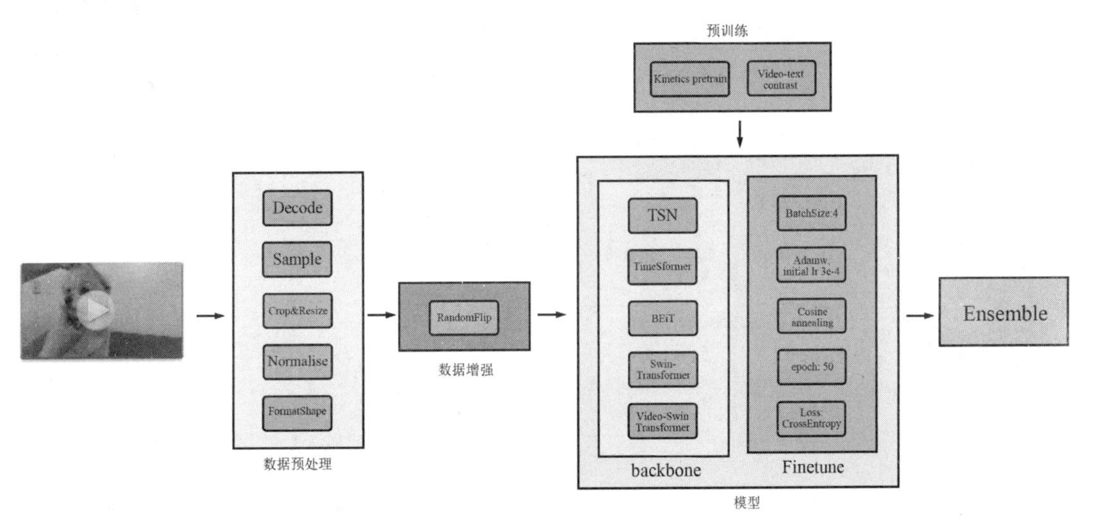

图 9.3　冠军方案整体架构

首先，对视频进行预处理和数据增强，得到由图像序列组成的数据集；然后，设计预训练任务，在预训练数据集上进行预训练；接着，在模型阶段设计实验选择合适的 backbone，使用预训练的参数初始化并进行微调；最后，集成多个模型来进一步提升效果。

1. 数据预处理

数据预处理阶段，首先对视频进行解码和采样，将视频转换为一系列由连续的帧组成的图像序列。然后使用中心裁剪和放缩，将输入的帧尺寸固定为 256×256。同时利用 ImageNet 上的均值和方差对数据进行 normalise，将数据分布转换为标准正态分布。最后规定数据格式，将通道顺序调整为 NCTHW。

2. 数据增强

训练阶段使用 RandomFlip 策略进行数据增强。

3. 预训练

如图 9.4 所示，在预训练阶段采用类似 CLIP（https://arxiv.org/abs/2103.00020）的视频—文本对比学习预训练模式。

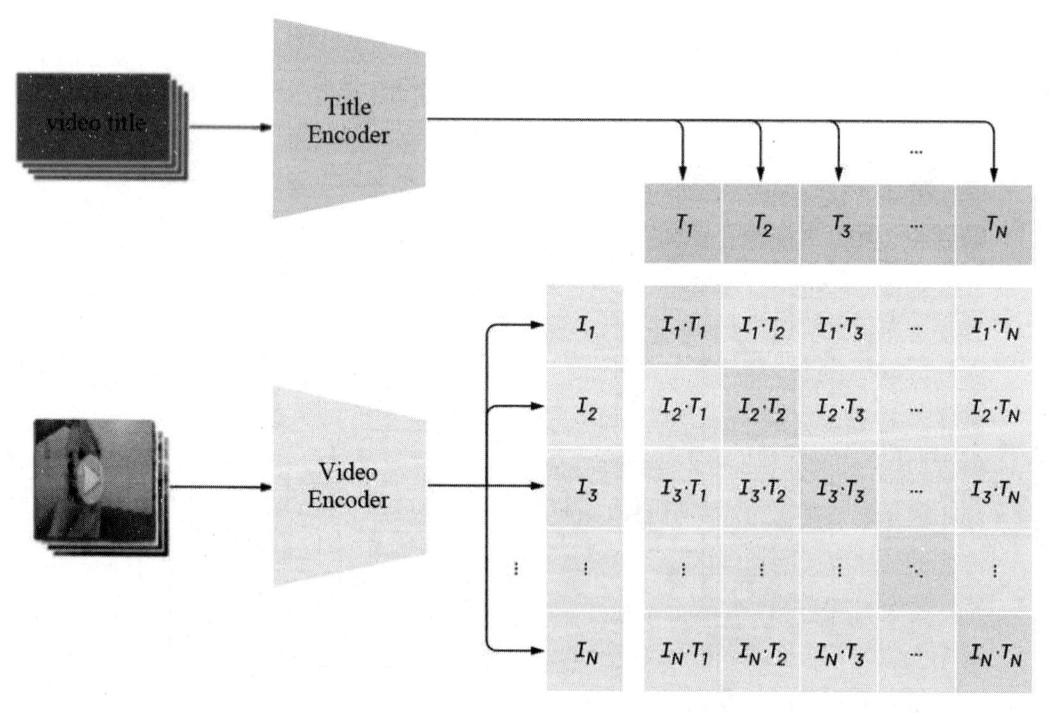

图 9.4　视频—文本对比学习示意图

预训练步骤如下。

（1）使用两个编码器，分别对文本和视频编码，得到视频 embedding 和文本 embedding。

（2）将视频 embedding 输入到三层全连接层组成的投影头，得到视频的分类概率。

（3）使用分类概率和 query 计算交叉熵损失。

（4）通过线性转换将两个 embedding 投影到相同维度的空间。

（5）在同一个批次内，两两计算之间的余弦相似度，得到相似度矩阵 sim。

（6）最大化 sim 矩阵对角线元素的值，最小化其他元素的值（使用 NCE 损失）。

其中 NCE 损失的形式如下。

$$L_{\text{NCE}} = -\lg \sum_{i=1}^{n} \frac{\exp(s_i, i/\tau)}{\sum_{j=1}^{n} \prod_{i \neq j} \exp(s_i, j/\tau)}$$

这里可以看作是带温度系数的 N 分类交叉熵损失，对角线处即为正确类别的逻辑值，同一行（列）其他元素为错误类别的逻辑值。

预训练部分的代码如下。

```
# 文本和视频编码
I_f = video_encoder(I) #[n, d_i]
t_f = text_encoder(T) #[n, d_t]

# 使用线性投影统一维度，并执行 L2 正则化
I_e = l2_normalize(np.dot(I_f, W_i), axis=1) #[n, d_l]
t_e = l2_normalize(np.dot(T_f, W_t), axis=1) #[n, d_l]

# 余弦相似度矩阵：[n, n]
sim = cosine_similarity(I_e, t_e.T)

# 对称的 NCE 损失
loss_i = NCE_loss(logits, labels, axis=0)
loss_t = NCE_loss(logits, labels, axis=1)
loss1 = (loss_i + loss_t)/2

# 查询预测
logits = cls(l_f)
loss2 = cross_entropy(logits, query)

loss = a*loss1 + b*loss2
```

在具体的实现中，继承了 mmaction.model.recognizer.base.BaseRecognizer 类，创建 VideoTextContrastRecognizer 类来包装两个编码器，并实现训练流程，具体的实现代码如下。

```
@RECOGNIZERS.register_module()
class VideoTextContrastRecognizer(BaseRecognizer):
    def __init__(self, num_class=0, text_encoder_path='roberta',
feature_dim=1024, **kwargs):
        # 初始化视频文本对比识别的各个部分
        super().__init__(**kwargs)
        self.con_loss = build_loss(dict(type='VideoTextContrastLoss'))
        self.text_encoder = AutoModel.from_pretrained(text_encoder_path)
        self.video_pool = nn.AdaptiveAvgPool3d(1)
        self.transform_video = nn.Linear(1024, 1024)
        self.transform_text = nn.Linear(768, 1024)
        if num_class != 0:
            self.is_classification = True
            self.classifier = nn.Sequential(
                nn.Linear(1024, 1024),
                nn.ReLU(),
                nn.Linear(1024, 1024),
                nn.ReLU(),
                nn.Linear(1024, num_class)
            )
            self.cls_loss = build_loss(dict(type='CrossEntropyLoss'))
        else:
            self.is_classification = False

    def forward_train(self,imgs,text,attention_mask,label=None,**kwargs):
        imgs = imgs.reshape((-1, ) + imgs.shape[2:])
        # 提取视频的特征
        vf = self.extract_feat(imgs)
        # 将文本进行编码，并获取编码后的文本特征
        tf = self.text_encoder(text).pooler_output
        # 将视频和文本特征变换到新的空间
        vf = self.video_pool(vf)
        vf = vf.reshape((-1, 1024))
        transform_vf = self.transform_video(vf)
        transform_tf = self.transform_text(tf)
        # 计算视频特征和文本特征的余弦相似度矩阵
        sim_matrix = torch.cosine_similarity(transform_vf.unsqueeze(1),
transform_tf.unsqueeze(0), dim=2)

        if self.is_classification:
            cls_score = self.classifier(vf)
        else:
            cls_score = None
```

```
        # 计算损失并返回
        return self.loss(sim_matrix, cls_score, label)
```

NCE 损失的实现代码如下。

```
class VideoTextContrastLoss(nn.Module):
    def __init__(self, temperature=2, **kwargs):
        super().__init__(**kwargs)
        self.T = temperature
    def forward(self, sim_matrix):
        exp_sim = torch.exp(sim_matrix/self.T)
        row_sum = torch.sum(exp_sim, dim=0)
        col_sum = torch.sum(exp_sim, dim=1)
        diag = torch.diag(exp_sim)
        loss = (-torch.log(diag/row_sum) - torch.log(diag/col_sum)) / 2
        return loss.mean()
```

4. 模型训练

1）backbone 选择

冠军团队测试了 Temporal Segment Network （TSN，https://github.com/open-mmlab/mmaction2/tree/master/configs/recognition/tsn）、TimeSformer（https://github.com/open-mmlab/mmaction2/tree/master/configs/recognition/timesformer）、BEiT（https://github.com/microsoft/unilm/tree/master/beit）、Swin Transformer（https://github.com/microsoft/Swin-Transformer）、Video Swin Transformer（VST，https://github.com/SwinTransformer/Video-Swin-Transformer）五种网络。表 9.1 是不同 backbone 在验证集上的实验结果，包括准确率、参数量，以及 FLOPs（floating point operations per second，浮点运算次数/s），FLOPs 主要用来计算复杂度。

表 9.1 不同 backbone 的实验结果

backbone	准确率	参数量	FLOPs
TSN-ResNet50	0.5214	24M	33.0G
TimeSformer	0.5440	121.4M	189.0G
BEiT-Large	0.5758	202.6M	358.3G
Swin Transformer-Large	0.5823	195.4M	272.3G
VST	0.6140	87.9M	60.6G

基于实验结果，最终使用 VST 作为 backbone。另外，由于本次竞赛对推理开销不做限制，只需提交在测试集上的推理结果，在对比试验中训练得到的模型同样可以用于推理并集成到最终结果中。

2）训练细节

各个单模型训练过程思路类似，这里对效果最优的单模型 VST 的训练过程进行介绍。

训练时，首先加载预训练阶段的 video encoder 权重，使用 Adam 优化器，选择交叉熵作为损失函数，学习率初始化为 3e-4，并采用余弦退火的学习率调整策略，共训练 50 个 epoch，参考代码如下。

```
optimizer = dict(type='AdamW', lr=3e-4, betas=(0.9, 0.999),
weight_decay=0.05,
                 paramwise_cfg=dict(custom_keys={'absolute_pos_embed':
dict(decay_mult=0.),
                                        'relative_position_bias_table':
dict(decay_mult=0.),
                                        'norm': dict(decay_mult=0.),
                                        'backbone': dict(lr_mult=0.1)}))
# 学习策略
lr_config = dict(
    policy='CosineAnnealing',
    min_lr=0,
    warmup='linear',
    warmup_by_epoch=True,
    warmup_iters=2
)
total_epochs = 50
```

5. 模型集成

使用不同的时域采样率采样视频，得到不同时域分辨率的训练集合，从而训练不同的模型，最终将多个模型进行等权重融合（见图 9.5）。由于资源和时间限制，冠军方案只对 VST 网络进行了多分辨率的训练和集成。

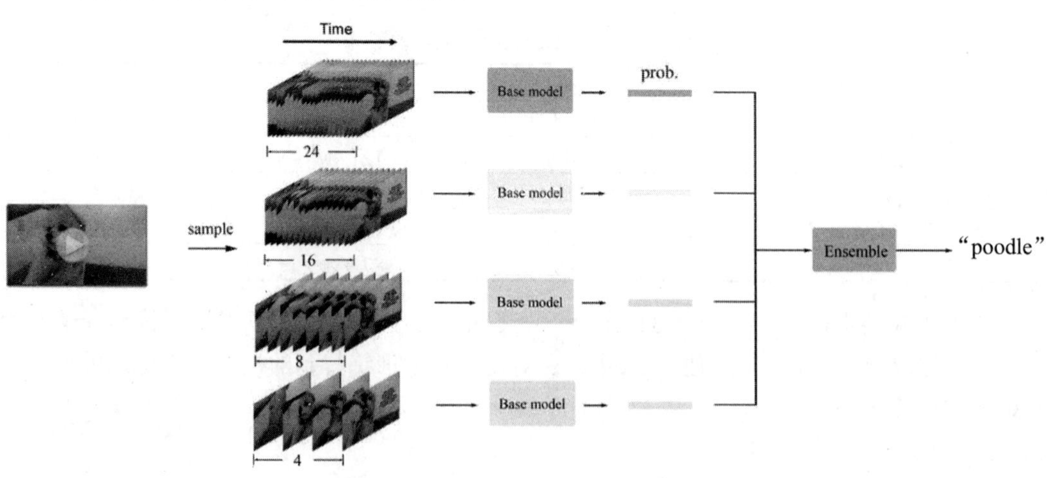

图 9.5　多时域分辨率集成示意图

表 9.2 对比了不同采样方式和集成学习的实验结果，其中，SR *x*/*y* 表示每 *y* 帧采样一帧，共采样 *x* 帧。可以看到，集成学习可以显著提升最终的效果。

表 9.2　多时域分辨率单模型准确率和集成效果

模 型 分 类	准　确　率
SR 4/12	0.6033
SR 8/6	0.6140
SR 16/3	0.5986
SR 24/2	0.6064
Ensemble	0.6193

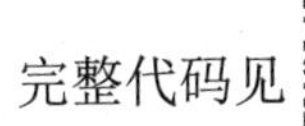
完整代码见 

第10章 强化学习：理论篇

强化学习（reinforcement learning，RL）是一种区别于传统监督学习和无监督学习的学习范式。强化学习是目前最接近于人类进行学习的方式，即通过不断地试错进行学习。在强化学习中，通常定义一个智能体，智能体可以是一个接收外部输入，然后做出决策的系统。智能体可以通过深度神经网络构建，也可以通过字典、表格构建。而通过深度神经网络构建的智能体，一般通过深度强化学习（deep reinforcement learning，DRL）算法进行训练。一般称为智能体提供外部输入的部分为环境（environment）。环境可以是一个虚拟的游戏模拟器（如王者荣耀游戏、围棋游戏、刀塔 2 游戏等），也可以是一个真实的现实任务（如推荐任务、对话任务、自动驾驶任务等）。

强化学习就是让智能体和环境不断地交互进行学习。强化学习框架如图 10.1 所示。

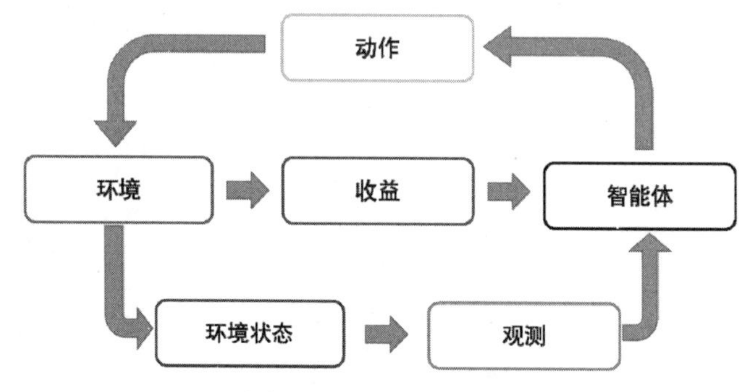

图 10.1　强化学习框架

图 10.1 展示了强化学习中智能体和环境交互的过程。在这个交互过程中，环境产生环境状态（state），该环境状态不一定能完全被智能体所接收，其中能被智能体观测到的部分称为观测（observation）。智能体通过观测输入，做出相应的动作（action）返回给环境。环境根据智能体给出的动作，返回给智能体新的观测和收益（reward）。强化学习智能体的目标就是通过做出最优动作来最大化一段时间内的累计收益（cumulative reward）。不同于贪心算法，强化学习智能体每次只关心最大化立即收益，通过类似动态规划的形式最大化

累计收益。因此，当前的最优动作不一定能获得下一步的最大收益，但是却能获得全局的最大收益。

目前，强化学习的应用非常广泛，如图 10.2 所示。

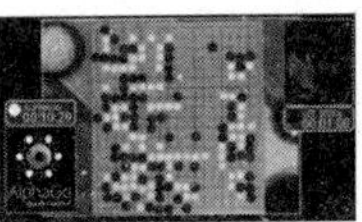
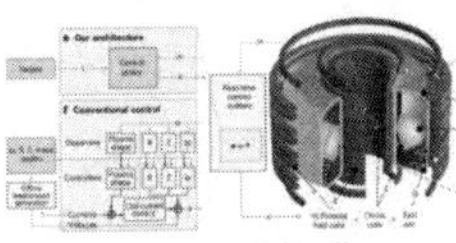

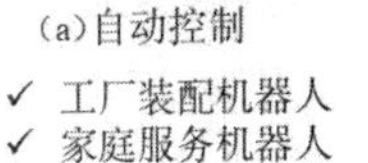
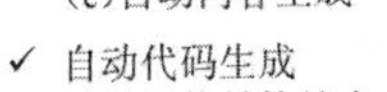
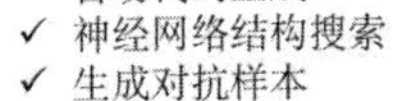
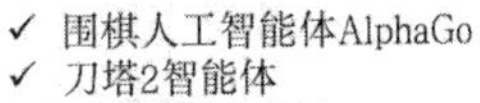
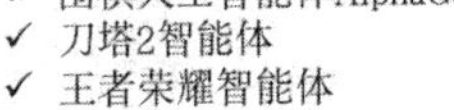

(a)自动控制
- ✓ 工厂装配机器人
- ✓ 家庭服务机器人
- ✓ 自动驾驶

(b)人机交互
- ✓ 推荐系统
- ✓ 对话系统
- ✓ 模仿学习

(c)自动内容生成
- ✓ 自动代码生成
- ✓ 神经网络结构搜索
- ✓ 生成对抗样本

(d)游戏
- ✓ 围棋人工智能体AlphaGo
- ✓ 刀塔2智能体
- ✓ 王者荣耀智能体

(e)工业优化
- ✓ 核聚变控制
- ✓ 排班排产
- ✓ 仓库调度

图 10.2　强化学习的广泛应用

可以看到，强化学习在游戏 AI、核聚变控制、芯片设计、工业排班排产、推荐系统、量化交易、矩阵乘法加速、机器人控制等领域发挥着重要的作用。由于强化学习的过程不需要预先收集带标签数据，只要不断和环境交互，便可以训练出超过人类性能的智能体，因此强化学习也被认为是目前最接近通用人工智能（artificial general intelligence，AGI）的学习范式。

强化学习算法设计需要在掌握强化学习理论知识的基础上，结合大量实践经验，才能针对不同决策任务制定出高效的方案。下面，我们将从智能体设计、模型设计和算法设计三个方面介绍求解强化学习任务的设计思路。

10.1　智能体设计

首先，我们将要介绍强化学习中的智能体设计。这部分将从观测输入设计、收益设计和动作设计三个方面进行介绍。

10.1.1　观测输入设计

强化学习智能体需要根据环境给出的观测进行决策。因此，观测输入是智能体感知外部环境的关键模块。在设计观测输入时，一方面要尽量保证观测中信息的全面，让智能体获取足够多的信息，这样才可能做出正确的决策；另一方面要尽量提高观测输入的有效性。所谓有效性，主要由两方面构成，即提升观测输入的全面性和提升观测输入的有效性。

1. 提升观测输入的全面性

在强化学习任务中，智能体需要根据观测输入进行决策，观测输入全面性是智能体能否做出正确决策的决定因素。以围棋为例，如果智能体每次只能观测到棋盘上四分之一的区域，那无论后续的强化学习算法如何高效，智能体也无法做出最正确的决策。在观测输入信息缺失的情况下，很难训练出性能强大的智能体。因此在设计观测输入的时候，应该尽量使观测输入中包含更多的有用信息，同时也应该避免输入重复的信息。例如，在多人在线战术竞技游戏（multiplayer online battle arena，MOBA）——“王者荣耀”中（见图 10.3），智能体的输入不仅需要包含智能体所控制的“英雄”自身的信息（如血量、位置等），还应该包含其队友、对手以及全场比赛的信息，这样训练出来的智能体才会更多考虑到全局信息，从而做出更加具有默契配合的操作。

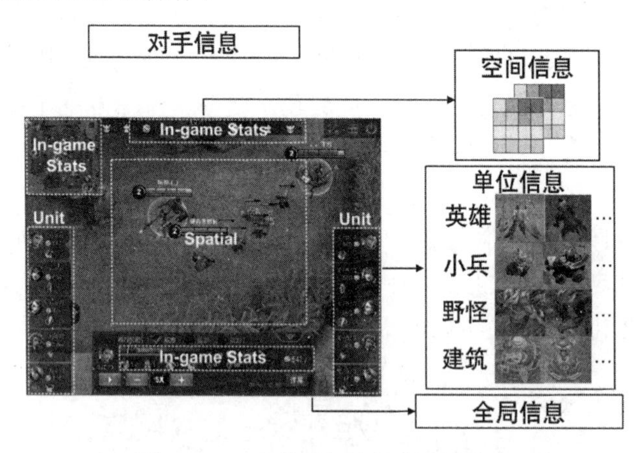

图 10.3　王者荣耀智能体的观测输入

此外，对于有些非完全信息的决策任务，还可以把智能体上一步做出的动作当作智能体当前的观测输入。这样，可以帮助智能体生成前后更加连贯的动作。例如，在对战型格斗街机游戏（如拳皇、火影忍者、航海王热血航线等）中，智能体需要通过前后连贯的动作完成特定的技能释放和攻击策略，如果智能体不知道以前做过什么动作，它就很难做连招动作。因此，在一些对动作顺序比较敏感的决策任务中，把以前的动作作为观测输入的一部分也显得尤为重要。

2. 提升观测输入的有效性

前面提到如何提升观测输入的全面性，但是只是不假思索地把所有信息都输入给智能体，这样可能会降低智能体的训练效率。因此，提升智能体观测输入的有效性是提升智能体训练效率和智能体最终性能的直接方法。这部分的内容，我们主要从两方面进行阐述，即提升智能体观测输入的相关性和提升智能体观测输入的易用性。

1）提升智能体观测输入的相关性

所谓相关性，就是指观测输入和决策之间的关联性。例如，对于一个进行自动驾驶的智能体，其进行决策规划操作有关的输入信息只有道路上的车辆、行人等，而天空上的云朵和道路两旁的建筑都是与其决策无关的信息，这些信息不需要作为智能体的输入。因此，在设计智能体的观测输入时，要尽量增加和决策相关信息的输入，减少和决策无关信息的输入。如果观测输入中包含了过多无关的信息，会增加智能体处理和筛选信息的难度，甚至覆盖有用的信息，导致智能体性能下降。

另外，不同的输入信息对智能体决策的影响也不一样。例如，在设计短视频推荐智能体时，短视频的画面信息相对于其下的评论信息对推荐效果的影响更大。有些时候，相关性更大的输入信息占比会比较小，如果把所有信息一起输入，也会影响智能体对更重要信息的利用。这时，可以通过对输入信息分组，把重要的信息和相对次要的信息分开，让神经网络分别进行处理，提取不同维度的隐藏特征，以平衡不同输入信息的比重。

判断输入信息的相关性往往需要对特定任务进行分析，也需要根据训练的结果来对输入进行动态调整。当输入信息出现冗余时，需要减少输入，这时可以通过神经网络蒸馏的方式减小输入的维度。当需要补充输入信息时，可以通过增加神经网络大小的方式让智能体在不影响性能的情况下添加额外的输入。更多关于智能体神经网络的设计，会在 10.2 节进行详细介绍。

2）提升智能体观测输入的易用性

当确定好需要把哪些信息作为输入后，便要确定信息的输入格式。不同输入格式的信息，智能体处理的难度也会不同。一般来说，向量输入是最简单的输入格式，也是神经网络比较容易处理的格式。除了向量输入，还可以使用图像等输入格式，但可能会增加智能体的处理难度和训练时间。例如，在第一人称射击游戏中，可以把射击游戏的当前画面作为智能体的输入，让智能体从画面上获取剩余血量、剩余弹药、敌人位置等信息，由于智能体是随机开始训练的，并没有对游戏规则和物品的预先认知，这会导致智能体需要花费非常长的游戏时间来学会这些基本概念并应用于决策。为了提升智能体观测输入的易用性，可以直接把血量、弹药和位置等信息作为数值向量输入给智能体，让智能体更多关注决策规划，而不是信息提取。

为了提升智能体观测输入的易用性，即便是向量输入，也需要根据实际情况进行处理。例如，在做机器人导航任务时，由于空间的多样性和空间大小的不确定性，一般使用智能体和其他物体的相对坐标，而不是将绝对坐标作为输入。这样，智能体才不会受到空间整体移动的影响。此外，对于一些编号之类的输入，由于编号的数值信息并不能表示大小和相对关系，因此往往把编号进行 one hot 编码（独热编码）表示（即 0 表示为[1,0,0]，1 表示为[0,1,0]，2 表示为[0,0,1]）。在很多棋盘游戏中，也是通过 one hot 编码来表示不同位置上的棋子信息。另外，为了提升训练的稳定性，也可以对输入向量进行数值归一化：即静态归一化和动态归一化。在静态归一化中，需要预先统计出输入数值的均值和方差，然后在智能体训练时把数值和方差作为固定值来对输入进行归一化；在动态归一化中，需要在训练的过程中，实时地统计和更新输入的均值和方差，然后每次使用最新的均值和方差对输入进行归一化。以上这些方法都可提升智能体观测输入的易用性，从而减小智能体处理观测输入的难度，并最终提升智能体的训练效率。

10.1.2 收益设计

强化学习智能体的目标是最大化累计收益，这个累计收益可以是我们最终关心的性能指标，也可以是人为设计的奖惩机制。通常，收益信号越稠密，智能体越容易进行学习，而相对稀疏的收益信号会增加智能体学习的难度。因此，在人为进行奖惩机制设计时，希望收益信号能够尽量稠密。例如，在足球游戏中，如果只用最后的进球数作为收益，那么智能体需要经过非常长时间的探索，才知道如何通过一系列决策达成进球的目标。因此，可以通过添加额外的收益信号来帮助智能体更快地达成最终目标。例如，加入持球奖励和出界惩罚等方法。

在设计收益信号时，往往存在不同种类的收益，这时候需要权衡不同收益的权重。同样以足球游戏为例，在进球和持球这两种情况下给智能体正的收益，但是这两种收益不应该是等价的。由于进球的重要性大于持球，那么因进球获得的收益就应该设计得比因持球获得的收益更大。通常，对于不同类型的收益，可以直接相加后作为智能体的最终收益。但直接相加不同类型的收益，会使我们只能使用同一个折扣系数，但有些情况下，不同收益需要设置不同的折扣系数才能取得更好的效果。在足球游戏中，进球收益更偏长期决策，而持球收益更偏短期决策，因此进球收益的折扣系数需要设置得比持球收益的折扣系数大。为了在不同的折扣系数下拟合不同的收益，目前可以采用多头价值网络的方法。价值网络对每种类型的收益单独进行拟合学习，最后对不同的价值输出相加得到最终的价值估计。值得说明的是，在设计或者添加新的收益时，要全面考虑新收益的有效性和可能出现的不合理性，否则会因为存在一些特殊的边界情况，导致智能体找到收益设计的漏洞而出现意料之外的情况。

10.1.3 动作设计

在强化学习任务中，智能体需要向环境输出执行动作。一般动作的形式是由环境给定的，智能体只要给出对应形式的动作即可。但是，有时候原始的环境动作可能设计得并不合理，这样会导致智能体训练效率低下。因此，可以给智能体制定不一样的动作形式，即智能体动作。然后再进行智能体动作到环境动作的转换，使得智能体和环境的交互能够正常进行。设计智能体动作的关键是利用人类知识，对原始的环境动作空间进行压缩。这里，我们将介绍几种常用的动作空间压缩的技巧。

1. Frameskip 技术

Frameskip 技术在很多游戏智能体中都有很广泛的应用，如阿塔利游戏和 ViZDoom 游戏。Frameskip 即某一时刻智能体输出的动作会被持续执行多步，而具体执行多少步是预先设置好的超参数。通过 Frameskip 技术，可减少智能体进行决策的次数，即减小了智能体在整个轨迹周期内的动作搜索空间。当使用 Frameskip 技术时，还需要对智能体观测和智能体收益进行相应的改变。例如，智能体的收益需要改成多步执行时间内的收益总和，智能体的观测可以改成多步执行时最后一步的观测。是否使用 Frameskip 技术，还需要根据具体任务来进行分析，因为有些任务的动作并不支持重复执行多次。

2. 动作掩码技术

所谓动作掩码，就是根据智能体所处的环境状态动态屏蔽一些不合理的动作，让智能体只能从剩下的动作中进行选择。例如，在自动驾驶中，当检测到有红灯时，智能体就不应该做出前进的动作，这时候便可以通过动作掩码技术进行前进动作的屏蔽。动作掩码技术的实际实现方式是对需要屏蔽的动作的输出概率置为零，这样智能体不管是通过概率采样动作还是取最大概率的动作，都不会使用被屏蔽的动作。

3. 连续动作离散化

一般含有连续动作的智能体会比离散动作的智能体更难训练，所以可以考虑把连续动作转换成离散动作。例如，在机器人导航任务中，需要智能体给出机器人的转向角度。由于转向角度是 0°～360° 的连续值，让智能体直接输出这个连续值会增加智能体训练的难度。因此，我们可以把 0°～360° 平均分成 12 份，相当于每份为 30°。那么，智能体做决策时，只需要从这 12 份中选一份，然后转到对应的角度即可。在不同任务中，可以根据任务的实际需求对连续值进行离散化。当把 0°～360° 平均分成 12 份时，那么智能体的转向精度就是30°，如果对转向精度要求更高，还可以分成36份，这样转向精度就是10°了；如果对转向精度要求没那么高，就可以分成8份，这样智能体就只会将45°设为一个单位的转向。

4．动作的分组输出

有些决策任务中，需要输出具有层级的动作。例如，在推荐任务中，由于推荐的物品非常多，很难直接从众多物品中直接选取一个特定物品进行推荐。但可以对物品进行分类。这样，智能体可以先决策推荐哪一类的物品，然后再从这一类物品中选取一个物品。这样便大大降低了智能体决策的难度。另外，在具有多种类型的动作时，也可以采取分别输出的策略。例如，一个决策任务中，智能体需要从动作集合A中选取一个，还需要从动作集合B中选取一个，动作集合A中有10个动作，动作集合B中也有10个动作。那么动作集合A和动作集合B的笛卡尔积的大小就是100，当使用神经网络时，这样做会造成动作输出的维度过大，导致网络难以训练。因此，可以使用两个不同的动作输出模块，一个用于输出动作集合A中的动作，另一个用于输出动作集合B中的动作，这样每个模块的动作输出维度都是10，从而减小神经网络训练的难度。

10.2 模型设计

强化学习智能体可以用多种方式实现，其中基于深度神经网络实现的强化学习智能体是最常见的形式。在深度强化学习训练的过程中，主要会涉及两种神经网络，即策略网络和价值网络。策略网络是根据观测输入来输出智能体需要执行的动作；而价值网络可以用于预测累计期望收益，从而帮助策略网络进行训练。一般在智能体和环境进行交互的过程中，只需要使用策略网络。但在更加复杂的强化学习算法中，如加入了蒙特卡洛搜索的强化学习算法，价值网络也能为智能体的决策提供一些帮助。在这部分内容中，我们将会介绍如何对策略网络和价值网络进行设计。

1．策略网络设计

一般策略网络的设计和传统监督学习算法的神经网络的设计大同小异。对于向量输入，通常使用多层感知机（multi-layer perception，MLP）；对于图像输入，通常使用卷积神经网络；对于自然语言输入，通常使用Transformer网络。另外，有时智能体的观测输入不是完全信息的，那么智能体需要具备处理历史信息和拥有记忆的能力，这时可以在策略网络中加入循环神经网络来处理历史信息。对于不同的动作输出，也需要使用不同的顶层网络结构。如果智能体需要输出离散动作，一般使用 SoftMax 层来输出不同动作的概率。如果智能体需要输出连续动作，一般使用高斯分布作为连续动作的概率分布，神经网络需要输出高斯分布的均值和方差。为了减少训练的难度，有时也会把高斯分布的方差进行固定，神经网络只输出其均值。有时为了提高策略网络训练的效率，还可以为策略网络单独增加一个价值预测的辅助模块，让策略网络也可以参与价值的预测训练。另外，在一些多智能体任务中，不同智能体可能具有相同维度的观测输入，可以让不同智能体使用同一个策略网络，然后只需在观测输入中加入不同智能体的编号来区分不同智能体即可。通过共享策略网络的参数，可以提高数据的利用效率和训练速度。

2. 价值网络设计

价值网络的设计和策略网络类似，也需要根据不同的观测输入使用对应的基础网络结构。相比策略网络，价值网络通常可以使用全局信息作为输入。由于不同任务的收益信号在数值大小上千差万别，通常会在价值网络中添加价值归一化的模块，使得价值预测训练更加稳定。在有些复杂的决策任务中，可能存在不同的收益类型，可以通过价值网络多头机制，对不同的收益使用不同的价值预测头进行预测，最后对不同预测头的输出进行相加，便可得到最终的总收益。不同的价值预测头可以使用同一个底层网络结构，这样可以提高训练数据的利用效率。

10.3 算法设计

对于不同决策任务，训练强化学习智能体需要使用合适的强化学习算法，本节将介绍一些常用的强化学习算法。由于强化学习算法涉及众多超参数，这部分也会对如何进行超参数调节进行介绍。强化学习训练的过程不是非常稳定，所以本节也会介绍一些常用的训练技巧。最后，在有些包含对抗的任务中，还需要使用相应的模型性能评估方法。

10.3.1 强化学习算法

近年来，科研人员提出了各种各样的强化学习算法。通常，强化学习算法可以分为基于值的（value-based）强化学习算法和基于策略的（policy-based）强化学习算法。其中，基于值的强化学习算法只训练一个价值网络，智能体动作选取具有最大值的动作来进行决策，DeepMind 提出的深度 Q 值学习网络（deep Q-learning network，DQN）算法便是一种经典的、基于值的强化学习算法。而基于策略的强化学习算法需要训练一个策略网络，该策略网络可以直接输出智能体需要的动作，其中一个典型算法就是策略梯度算法。当决策任务的动作空间是离散的时候，这两类算法都可以使用。但当决策任务的动作空间是连续的时候，一般使用基于策略的强化学习算法。

另外，强化学习算法还可以按照训练数据的使用方法来进行区分。如果训练数据来自以前训练的智能体，那么这种算法就被称为离线策略（off-policy）强化学习算法，如 DQN 算法和 A2C 等算法。如果训练数据来自当前的智能体，那么这种算法就被称为在线策略强化学习算法，如 TRPO 和 PPO 算法。一般来说，如果训练数据比较难以获得，可以使用离线策略强化学习算法，但是可能会因为数据质量的问题造成智能体性能下降。当数据比较充足的时候，通常使用在线强化学习算法。

如果在一个决策中需要同时控制多个智能体，还可以使用多智能体强化学习算法，如 QMIX 和 MAPPO 算法。另外，由于多智能体任务的复杂性，有时候还涉及智能体之间的通信、神经网络权重共享、智能体之间决策一致性等问题，此时都需要针对性地进行算法设计。

除了传统的强化学习算法外，还有很多其他特定的强化学习算法。例如，针对稀疏收益问题提出的分层强化学习算法和增强探索的强化学习算法、针对棋盘任务提出的基于模型的强化学习算法、针对离线数据训练提出的离线强化学习算法、针对多智能体对抗训练提出的对抗训练算法等。因此，当我们面对不同的强化学习任务时，需要借鉴和设计相应的算法来对问题进行求解。

10.3.2 超参数调节

在强化学习训练中涉及众多的超参数。我们需要对这些超参数进行了解，才能设定更加合理的值。强化学习中，比较重要的超参数包括收益折扣率、学习率、环境并行数量、训练更新次数、循环神经网络反向传播长度等。收益折扣率一般用 λ 表示，其作用主要是用于平衡近期收益和长远收益之间的权重。收益折扣率 λ 的取值为 0～1，λ 的取值越小，智能体越关注近期的收益；λ 的取值越大，智能体更加关注长远的收益。一般来说，当环境的收益越稀疏，收益折扣率的值要设置得越大，以此来帮助智能体关注更加长期的策略。此外，由于强化学习的训练过程相对监督学习来说更加不稳定，所以学习率一般会设置得偏小一点，防止不准确的梯度更新导致训练崩溃。环境并行数量一般根据 CPU 个数和显存大小设置得越大越好，通过更大的环境并行数量获得更多的采样数据，从而减少估计偏差和提升梯度更新准确度。此外，训练更新次数也是影响强化学习训练的重要因素。当训练更新次数过小时，可能导致数据的利用率低，造成训练效率低下；当训练更新次数过大时，可能导致一些在线策略强化学习算法出现严重的离线数据偏差。此外，对于一些非完全信息决策问题，通常使用循环神经网络提取历史信息。在训练循环神经网络时，就会涉及反向传播长度设置的问题。反向传播长度设置过短，可能导致循环神经网络训练效率低下；反向传播长度设置过长，可能导致数据的批大小过小，从而导致数据样本少和训练不稳定。在人为对训练参数进行调节的时候，只能根据出现的训练情况分析具体原因后，对参数进行相应的调节。为了降低人工调节参数的复杂度和参数调节的门槛，也可以使用一些超参数自动搜索工具，例如利用 wandb（见图 10.4）进行超参数搜索和性能可视化。关于如何利用 wandb 进行超参数搜索，这里不再详细进行介绍。

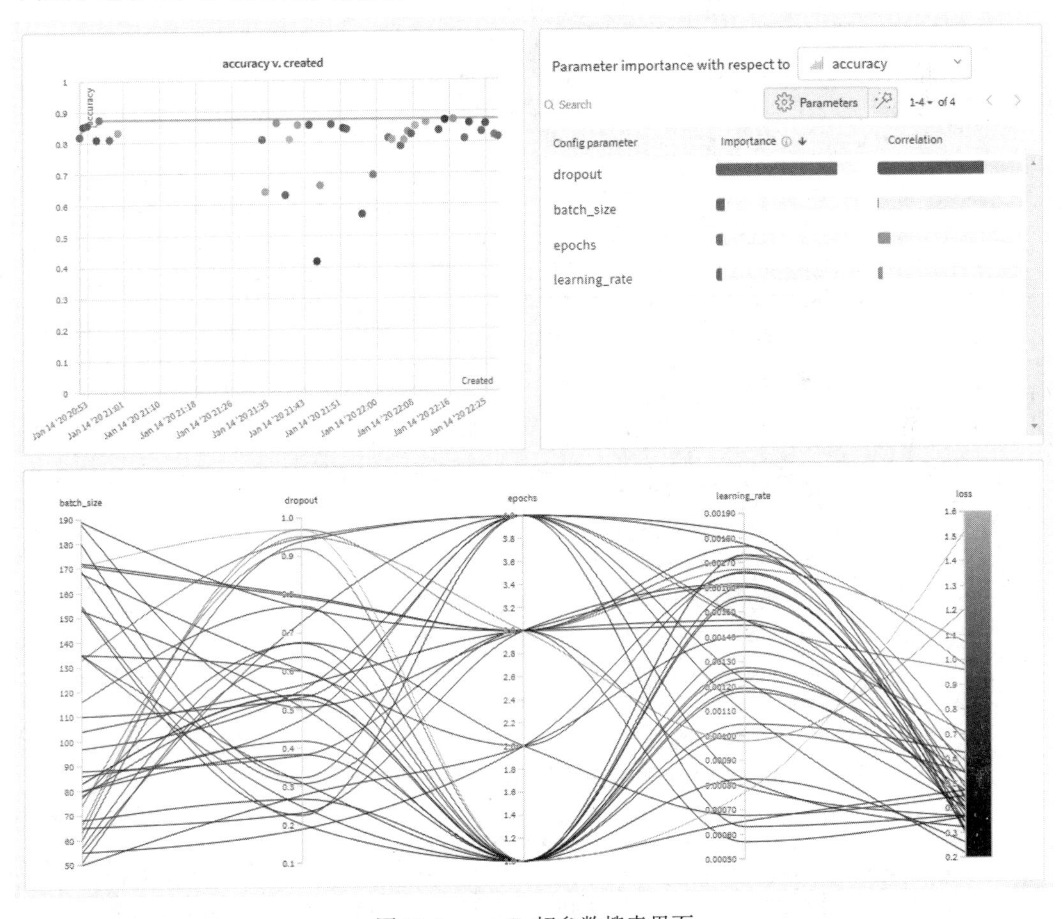

图 10.4　wandb 超参数搜索界面

10.3.3 训练技巧

为了提升强化学习训练的效率和稳定性，还可以选择性地加入一些额外的训练技巧。前面已经介绍过动作掩码、观测输入归一化、价值归一化、使用循环神经网络等技巧，这里我们介绍一些其他常用的技巧。例如，在 PPO 算法中可以使用广义优势估计（generalized advantage estimation，GAE）技术降低价值函数的估计偏差和方差。下面是用 Python 实现的 GAE 的示例代码。

```
def discount_rewards(r, gamma=0.99, value_next=0.0):
    """
    计算未来奖励的折扣总和，用于更新价值估计
    :param r:奖励列表
    :param gamma:折扣因子
    :param value_next:用于返回计算的 T+1 价值估计
    :return:未来奖励的折扣总和作为列表
    """
    discounted_r = np.zeros_like(r)
    running_add = value_next
    for t in reversed(range(0, r.size)):
        running_add = running_add * gamma + r[t]
        discounted_r[t] = running_add
    return discounted_r


def get_gae(rewards, value_estimates, value_next=0.0, gamma=0.99,
lambd=0.95):
    """
    计算广义优势估计，用于更新策略
    :param rewards: 时间步 t~T 的奖励列表
    :param value_next: 时间步 T+1 的价值估计
    :param value_estimates: 时间步 t~T 的价值估计列表
    :param gamma: 折扣因子
    :param lambd: GAE 加权因子
    :return: 时间步 t~T 的优势估计列表
    """
    value_estimates = np.append(value_estimates, value_next)
    delta_t = rewards + gamma * value_estimates[1:] - value_estimates[:-1]
    advantage = discount_rewards(r=delta_t, gamma=gamma * lambd)
    return advantage
```

代码解析如下。

其中 rewards 是每个时刻的收益，value_estimates 是预测的价值，value_next 是下一时刻的价值，gamma 是折扣系数，lambd 是 GAE 的权重系数。

此外，可以使用最大化熵的方式来提高智能体训练时的探索能力。为了提高训练时的采样量和训练速度，还可以使用多机分布式训练。当数据质量普遍不高的时候，可以选择性地丢弃一些低质量的数据，保留更多高质量的数据进行训练。这样可以让智能体更多地关注提升策略性能的那部分数据。此外，在监督学习中一些常用的训练技巧也可用于强化学习的训练当中。例如，对于含有图像的观测输入，可以对图像进行裁切和色彩扰动来进行数据增强，这样可以提高训练的数据样本和提升智能体对观测输入扰动的鲁棒性。此外，对于神经网络的训练，也可以使用梯度更新大小的限制技术防止梯度爆炸的问题。在复杂的实际任务中，先使用离线数据进行模型预训练，再使用预训练好的模型初始化后进行强化学习训练也是一种提升训练效率的有效手段。由于强化学习训练的复杂性，训练技巧的熟练运用也是在已有性能基础上进一步提升智能体性能的重要部分。强化学习训练中还有很多的训练技巧，需要我们在实践中不断地学习和开发。

10.3.4　算法性能评估

强化学习算法的性能评估最直接的方式是看智能体获得的收益大小。但有时收益大小无法反映最终的性能。例如，在足球游戏中，最终需要通过胜率来评估智能体的性能。另外，很多时候收益只是一个简单的数值，有时是多个指标的简单相减，所以也很难从收益中对智能体各项指标进行分析。例如，在自动驾驶任务中，还需要从车辆的碰撞率、急停次数、行驶总长度等多个方面对智能体性能进行评估。此外，对于对抗型的决策任务，由于环境中存在各种各样的对手，无法直接用收益评估一个智能体的整体实力。因此，在竞技游戏中，通常使用一些特定的排序打分算法对智能体进行性能评估，比较常用的算法包括 ELO 和 TrueSkill。此外，智能体的训练效率也是算法研究中的重要评估指标。在监督学习中，通常使用训练算法达到收敛时的更新迭代次数作为算法的训练效率指标。和监督学习不同的是，强化学习一般使用和环境交互的次数作为训练效率指标。这是因为强化学习的数据是不断产生的，而产生训练数据需要消耗大量的硬件资源和采样时间，因此和环境交互的次数往往比网络参数更新次数更加关键。

11 chapter

第 11 章 强化学习：实战篇

本章以及第平台的竞赛足球游戏为案例，介绍强化学习在实践中的具体应用。该竞赛的官网地址为 http://www.jidiai.cn/env_detail?envid=34。

11.1 赛题任务

足球是世界上最受欢迎的运动之一，该项运动需要在短期控制、传球等已学概念和高水平策略之间取得平衡，使 AI 学习到以上策略极具挑战。谷歌足球游戏是谷歌为强化学习算法研究开发的一个足球游戏环境（官网地址为 https://github.com/google-research/football）。图 11.1 是谷歌足球游戏的屏幕截图。该游戏任务包含两方的球员，每个玩家需要控制其中一方的所有队员，另外，每个玩家需要在平台上提交自己的控制代码，平台自动地进行不同玩家的相互对战，然后根据游戏的对战结果来进行评分和排名。

图 11.1　谷歌足球游戏的屏幕截图

11.2 环 境 介 绍

本游戏共有两方。在这个游戏中，每方将控制 11 人球队中的 11 位球员。该游戏规则类似于现实中的足球规则，包括越位、黄牌和红牌。该游戏分为两个半场，每个半场 45 分钟（1500 步），一共 3000 步，游戏在 3000 步之后结束。每个半场开始时的开球是由不同球队完成的，但是没有双方的交换（比赛是完全对称的）。球队在比赛中不互换。左侧/右侧是随机分配的。该游戏模拟器提供了一个字典格式 1 观测输入，用户可以根据该字典格式的观测输入来构建自己的向量输入。其主要包含各个球员的位置信息、球的位置信息和场上的一些比赛状态（如得分、黄牌、越位信息等）。每个玩家需要设计算法来操控场上的 11 位球员。每位球员在每一步决策时可以执行 19 个动作中的 1 个。关于字典格式的观测输入和智能体动作的具体含义可参考 https://github.com/google-research/football/blob/master/gfootball/doc/observation.md。

11.3 评 价 指 标

在该游戏中，玩家每进一球便得一分。平台通过随机两两对战，统计不同玩家近 30 场的平均得分进行排名。图 11.2 展示了及第平台的评分排名系统。

名次	用户	个性签名	积分	最后提交时间	对局详情
	TiZero	https://github.com/TARTRL/TiZero	11.30	2小时前	
	cwd1998	cwd1998	11.20	5个月前	
	supernova	supernova	10.53	5个月前	
4	李古粒斯百奇	hei	3.23	6个月前	
5	ylf11235	本因坊秀策	0.17	10个月前	
6	MrPasserby	MrPasserby	-0.43	7个月前	
7	atan	atan	-1.87	6个月前	
8	sunyuxiang	棋谋智胜	-1.93	6个月前	
9	wanghy	why	-4.03	5个月前	
10	smoothsmooth	smoothsmooth	-4.10	6个月前	

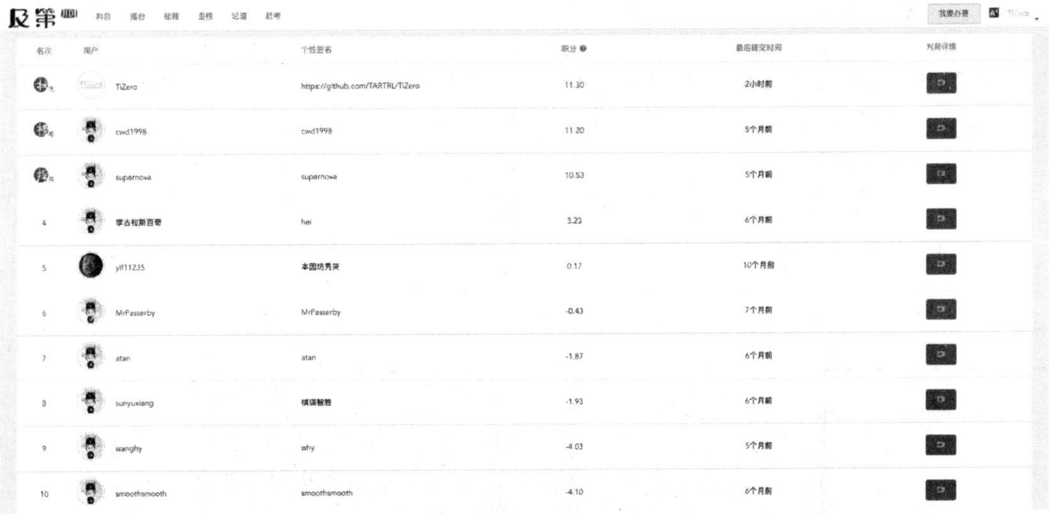

图 11.2　及第平台的评分排名系统

11.4 冠 军 方 案

本节主要介绍针对谷歌足球游戏设计的强化学习智能体 TiZero。通过智能体 TiZero 的设计，让读者了解如何从头求解一个强化学习任务。TiZero 的完整代码可以通过链接 https://github.com/TARTRL/TiZero 获取。

1. 观测输入设计

首先，进行智能体的观测输入设计。对于策略网络，观测输入主要分为 6 个部分，分别是当前控球球员的信息、球员编号、足球信息、队友信息、对手信息和当前比赛信息。对于价值网络，其输入分为 5 个部分，分别是足球信息、持球人信息、己方球员信息、对方球员信息和当前比赛信息。策略网络观测输入和价值网络观测输入如表 11.1 和表 11.2 所示。

表 11.1　策略网络观测输入

观测输入类型	维　　度
当前控球球员的信息	87
球员编号	11
足球信息	57
队友信息	88
对手信息	88
当前比赛信息	9

表 11.2　价值网络观测输入

观测输入类型	维　　度
足球信息	23
持球人信息	12
己方球员信息	88
对方球员信息	88
当前比赛信息	9

2. 网络结构设计

TiZero 为智能体设计了 1 个策略网络和 1 个价值网络。策略网络使用了 6 组不同的全连接层来提取不同部分的观测输入信息。全连接层中使用了 ReLU 激活层和层归一化。然后，TiZero 使用 LSTM 记录历史信息。在策略网络输出动作时，TiZero 通过使用动作掩码屏蔽非法的动作。策略网络的结构如图 11.3 所示。

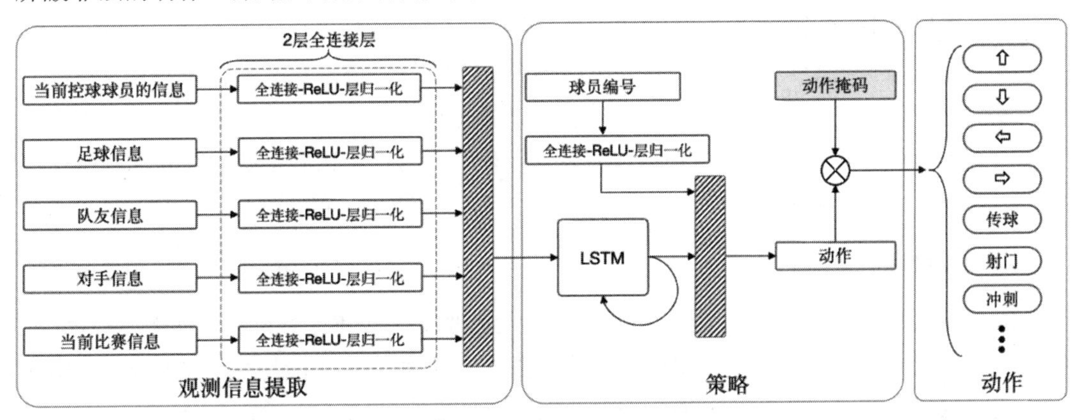

图 11.3　策略网络的结构

另外，价值网络使用了 5 组不同的全连接层来提取不同部分的观测输入信息。全连接层中使用了 ReLU 激活层和层归一化。然后，TiZero 使用 LSTM 记录历史信息。价值网络通过最小化均方误差损失函数进行训练。价值网络的结构如图 11.4 所示。

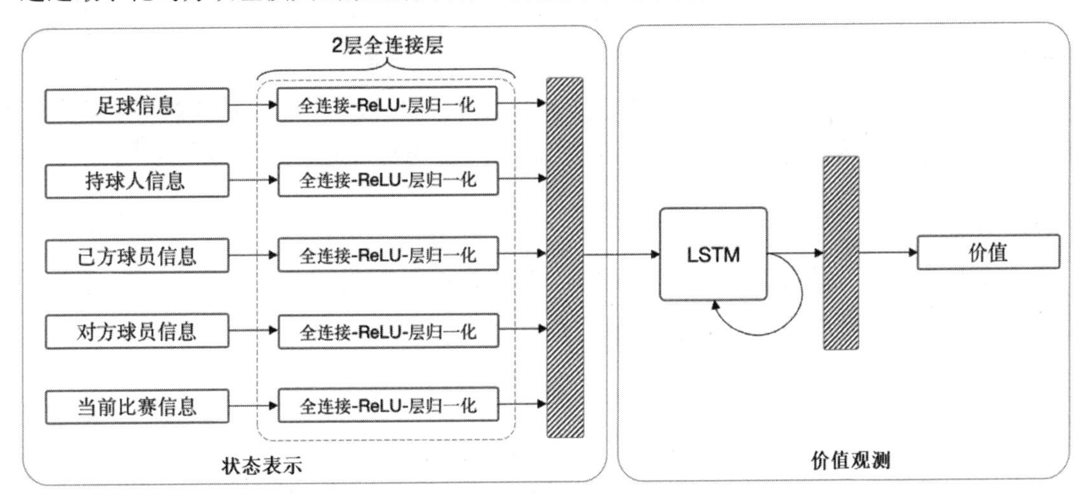

图 11.4　价值网络的结构

3．收益设计

谷歌足球游戏提供了一种原始的收益机制，即己方队伍进一球获得+1 的收益，对方队伍进一球获得-1 的收益。由于谷歌足球游戏进球个数不多，导致收益信号非常稀疏，这对智能体的训练造成极大的困难。为了提升智能体的训练效率，TiZero 还额外自定义了一些启发式的收益。额外的收益如下。

☑ 持球收益。持球队伍将会获得+0.0001 的收益。

☑ 传球收益。在进球前的成功传球将获得+0.05 的收益。

☑ 聚集惩罚。如果一个队伍的队员聚集在一起，将获得-0.001 的收益。

☑ 出界惩罚。当一个智能体出界时，将获得-0.001 的收益。

由于 TiZero 通过自博弈进行训练，所以，如果所有的收益如满足零和的要求，即一方队伍加上某个收益，对方便减去该收益，从而实现两队的收益总和为 0。

4. 动作设计

由于该比赛只能使用规定的 19 个动作，所以参赛者无法随意对智能体动作进行修改。但是，可以通过 10.1.3 节中所介绍的动作掩码技术进行动作输出的优化，从而减小动作的搜索空间，提升智能体的训练效率。例如，当智能体控制的队伍持球时，铲球动作就应该被禁止。此外，当某个球员离球比较远的时候，其传球、射门等动作就应该被禁止。更多关于动作掩码的设计可以参考 TiZero 的代码。

5. 强化学习算法

TiZero 设计了一个多智能体强化学习算法，名为联合比率策略优化（joint-ratio policy optimization，JRPO）。TiZero 使用价值网络来生成对于所有智能体一致的价值 $V_{\text{total}}(s_t)$，然后通过 GAE 算法计算总体的优势价值 $A_{\text{total}}(s_t,a_t)$，可简写为 $\hat{A}_t$。TiZero 使用这个优势价值来引导每个智能体策略的提升。TiZero 使用了以下策略分解形式：

$$\pi_\theta\left(a_t \middle| o_{1:t}\right) \approx \prod_{i=1}^{n} \pi_\theta^i\left(a_t^i \middle| o_{1:t}^i\right)$$

然后使用以下目标函数作为策略网络的训练损失函数：

$$L^{\text{CLIP}}(\theta) = \hat{\text{E}}_t\left[\min\left(r_t(\theta)\hat{A}_t, \text{clip}(r_t(\theta), 1-\epsilon, 1+\epsilon)\hat{A}_t\right)\right]$$

其中：

$$r_t(\theta) = \frac{\pi_\theta\left(u_t \middle| o_{1:t}\right)}{\pi_{\theta_{\text{old}}}\left(u_t \middle| o_{1:t}\right)} = \prod_{i=1}^{n} \frac{\pi_\theta^i\left(u_t^i \middle| o_{1:t}^i\right)}{\pi_{\theta_{\text{old}}}^i\left(u_t^i \middle| o_{1:t}^i\right)}$$

而 $\hat{\text{E}}_t[\cdots]$ 代表对所采样的数据取期望。

6. 模型性能评测

TiZero 通过自博弈进行训练，且收益是零和的，因此无法通过观察累计收益来对智能体的性能进行评判。一般自博弈训练的智能体可以通过 TrueSkill 进行性能评估。图 11.5

展示了不同方法训练的智能体在谷歌足球游戏中的 TrueSkill 分数比较。可以看出，TiZero 通过四十多天的训练，取得了远高于其他智能体的分数。

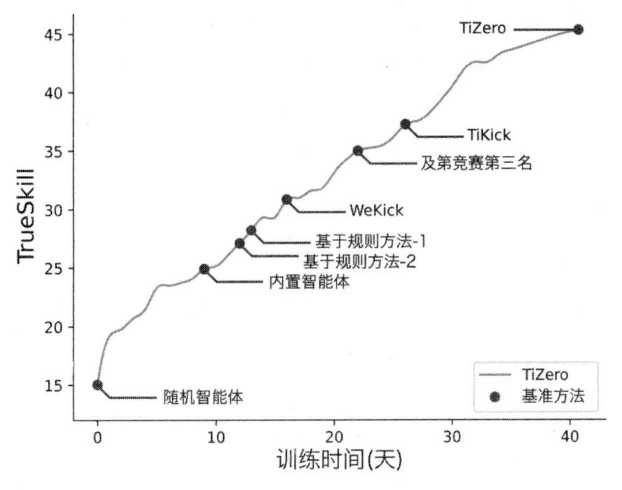

图 11.5　不同方法训练的智能体在游戏中的 TrueSkill 分数比较

虽然 TrueSkill 可以方便地评估智能体的整体性能，但人类无法直接从 TrueSkill 看出智能体的优势与行为特征。因此，还可以通过比较不同智能体的其他客观指标来展示不同智能体的行为特征。表 11.3 展示了不同智能体在不同性能指标（如助攻数、传球数、传球成功率等）上的比较。可以看出，TiZero 控制的智能体具有最高的助攻数、传球数等。

表 11.3　不同智能体在不同性能指标上的比较

指标	TiZero	TiKick	WeKick	及第竞赛第三名	内置智能体	基于规则方法-1	基于规则方法-2
助攻数	1.30(1.02)	0.61(0.79)	0.20(0.47)	0.35(0.62)	0.20(0.55)	0.28(0.59)	0.22(0.53)
传球数	19.2(3.44)	6.99(2.71)	5.33(2.44)	3.96(2.33)	11.5(4.63)	7.28(2.77)	7.50(3.12)
传球成功率	0.73(0.07)	0.65(0.17)	0.53(0.18)	0.44(0.19)	0.66(0.12)	0.64(0.17)	0.63(0.19)
进球数	3.42(1.69)	1.79(1.41)	0.88(0.88)	1.43(1.34)	0.52(0.91)	0.73(0.69)	0.64(0.82)
进球差	2.27(1.93)	0.71(2.08)	-0.47(1.68)	-0.02(2.14)	-1.06(1.93)	-0.60(1.03)	-0.71(1.45)
平局率/%	8.50	22.2	29.0	23.2	24.8	28.7	27.8
失败率/%	6.50	23.5	44.2	33.8	59.6	48.2	49.5
胜率/%	85.0	54.3	26.8	43.0	15.6	23.1	22.7
TrueSkill	45.2	37.2	30.9	35.0	24.9	28.2	27.1